업무시설

한국, 오늘, 건축.

첫 번째

하나.	6	도서출판 갈무리 독립공간 [뿔] Galmuri Publisher office building-Independent Space [Horn] 건축사사무소 더함 ThEPLUS Architects
둘.	14	오디 5D 디자인플러스 건축사사무소 designplus Architects
셋.	24	디자인큐브사옥 DESIGNCUBE Company Building 신공간건축사사무소 NEOSPACE ARCHITECT'S & PRODUCTION
넷.	32	썸북스 사옥 Somebooks office building ㈜건축사사무소 메타 METAA
다섯.	40	스타25 빌딩 STAR25 BUILDING ㈜파인드건축사사무소 Find Architects
여섯.	48	건축공방 연희동 사옥 ArchiWorkshop Seoul Office Foundation 건축공방 ArchiWorkshop
일곱.	56	목동 유신메디칼 사옥 Yushin Medical ㈜건축사사무소 모도건축 MODO ARCHITECT OFFICE
여덟.	64	연남동 조르바 ZORBA ㈜건축사사무소 모도건축 MODO ARCHITECT OFFICE
아홉.	72	HPI 사옥 HPI Building 피앤이건축사사무소 P&E architect's
열.	82	빛가람 혁신도시 iDRS 사옥 Bitgaram Innocity iDRS Office building 박호현 + 스노우에이드 Hohyun Park + 'SNOWAIDE

두 번째

열하나.	92	크란츠 빌딩 KRANZ BUILDING ㈜테라도시건축사사무소 TERRA associates architects & planners
열둘.	102	세코툴스코리아 오피스 리노베이션 Secotools Korea Office Renovation 어반소사이어티 Urbansociety
열셋.	112	세듀타워 CEDU Tower 엠엑스엠 아키텍츠 + 마로안 건축사사무소 MXM Architects + MaroAn Architects & Associates
열넷.	122	이화에스엠피 신사옥 IWHA BUILDING 지안건축사사무소 Zian Architects Planners
열다섯.	130	목천빌딩 M.C. Building 건축사사무소 어코드 URCODE ARCHITECTURE
열여섯.	138	청담동 트윈빌딩 Chungdam Twin Building 엠엑스엠 아키텍츠 + 마로안 건축사사무소 MXM Architects + MaroAn Architects & Associates

열일곱.	148	유니시티 - 카버코리아 연구소　UNICITY - CARVER KOREA LAB. 디베르카 아키텍츠　D-WERKER Architects
열여덟.	156	플랜아이 신사옥　Plan-I Headquater office 건축사사무소 예하파트너스　YEHAPARTNERS ARCHITECTS.
열아홉.	164	유한테크노스 신사옥　YUHANTECHNOS HQ OFFICE MMKM어소시에이츠　MMKM associates

세 번째

스물.	174	아이타워　I Tower 키아즈머스 파트너스 건축사사무소　CHIASMUS PARTNERS.INC
스물하나.	184	트러스톤 자산운용 사옥　TRUSTON ASSET Building 엠엑스엠 아키텍츠 + 마로안 건축사사무소 MXM ARCHITECTS + MaroAn Architects & Associates
스물둘.	192	도이치 모터스 BMW 본사　Deutsch motors BMW Head Office ㈜신한종합건축사사무소　Shinhan architects & engineers
스물셋.	200	명신 AUTO 사무동 증축공사　MYEONGSHIN AUTO OFFICE EXTENSION 건축사사무소 어반엑스　URBANEX ARCHITECTS & ASSOCIATES
스물넷.	208	마포우체국　Post Tower Mapo ㈜행림종합건축사사무소　HAENGLIM ARCHITECTURE & ENGINEERING
스물다섯.	216	나이스그룹 본사사옥　NICE GROUP HEADQUARTER ㈜범건축종합건축사사무소　BAUM Architects, inc.
스물여섯.	226	한국광물자원공사　KORES New Headquarters ㈜창조종합건축사사무소　Chang-jo Architects
스물일곱.	236	IBK파이낸스타워　IBK FINANCE TOWER ㈜나우동인건축사사무소　NOW ARCHITECTS
스물여덟.	246	파르나스타워　Parnas Tower ㈜창조종합건축사사무소 + KMD건축　Chang-jo Architects + KMD Architects

다섯   스타25 빌딩
         STAR25 BUILDING

(주)파인드건축사사무소
Find Architects

열   빛가람 혁신도시 iDRS 사옥
         Bitgaram Innocity iDRS Office building

박호현 + 스노우에이드
Hohyun Park + 'SNOWAIDE

업무시설 첫 번째

135㎡ - 1,500㎡

도서출판 갈무리 독립공간 [뿔]

Galmuri Publisher office building—Independent Space [Horn]

© Inkeun Ryoo

(주)건축사사무소 더함
ThePlus Architects

조한준

조한준은 고려대학교 건축공학과에서 학사 졸업을 한 뒤 종합건축사사무소 고우건축, 공간종합건축사사무소, 해안종합건축사사무소, 건축사사무소 시간 등에서 실무를 쌓았다. 그는 좀 더 작은 스케일의 프로젝트에 대한 관심과 갈증을 해소하기 위해 2011년에는 studio 더함을 개소하였고 인테리어, 리모델링 등 작은 프로젝트에 관심을 가지고 일반 클라이언트와 소통을 하며 작업을 이어 오다가 2013년 (주)건축사사무소 더함(ThePluS Architects)을 설립하였다.

사무소개소 이후 2016년에는 제34회 서울시 건축상 우수상과, 국토교통부에서 주관하는 2016년 신진건축사 대상 최우수상, 2017년에는 포항시건축문화 최우수상을 수상하였다. 현재는 단독주택 다수와 협소주택, 임대용 근린생활시설 다수의 작업을 진행하고 있으며 작업의 결과물에 대한 성취감을 건축주와 시공자 모두와 같이 공유하고 있다.

서울특별시 마포구 서교동
Seokyo-dong, Mapo-gu, Seoul

아주 작은 땅이다. 도로에 면한 땅의 폭이 6m, 안쪽으로 10m 길이 60㎡ 남짓의 19평 공간이 주어졌다. "도서출판 갈무리"라는 출판사의 대표이며 작가이자 정치철학자인 예비 건축주는 이 작은 땅에 독립공간을 꿈꾸고 있었고 그 꿈을 이루는 데 도움을 줄 수 있는 건축가를 찾고 있었다. 우연인 듯 인연인 듯 그 설계를 맡게 되었고 작은 땅 작은 건물이지만 오히려 그 과정은 다른 어떤 프로젝트에서도 느끼지 못했던 커다란 무게감과 어려움을 주었다. 작은 땅만큼이나 좁은 골목길, 좁은 골목길이기 때문에 더 가까이 인접해 있는 이웃들의 원성, 물을 가득 머금고 있는 연약한 지반상태, 자재를 적재할 만한 충분한 공간도 없었다. 공사 작업자들에게 이보다 더한 열악한 작업환경이 있을까 싶었다. 나는 설계를 하는 내내 이 건물이 주변의 밀도 있는 건물들 속에서도 작지만 당당하기를 원했고 무표정한 듯하지만 강한 표정을 지어주기를 원했고 단순한 듯하지만 그 단순함이 오히려 세련돼 보이기를 원했다. 어느덧 오랜 시간의 흔적을 간직 해왔던 작은 골목 끝자락에서 하얀색 [뿔]이 솟아나 있는 것을 볼 수 있었다.

현재 이 건물이 들어선 곳 아주 가까운 곳에는 오랫동안 출판사의 사무공간과 소통의 공간으로 사용했던 건물이 있다. 이곳에는 출판사가 겪어온 세월의 흔적이 고스란히 묻어 있었고 여전히 그 공간에 대한 애착을 가지고 있는 건축주의 마음을 엿 볼수 있었다. 그러나 건물주가 바뀌고 상황이 달라져서 오랜 기간 사용해 왔던 공간의 물리적, 경제적 독립을 보장하기 힘들게 되어버렸다. 같은 건물에서 세를 살던 이웃들이 하나둘씩 밀려 나가기 시작했다. 홍대 문화를 일군 많은 창작자에게 닥친 젠트리피케이션을 건축주 역시 피하긴 어려웠다. 하지만 건축주는 이 동네를 벗어나고 싶지는 않았고 결국 근처 아주 가까운 곳에 새로운 독립공간을 마련하기로 결정하였다.

건축주는 인근에 사옥을 짓는 일을 쫓겨나갈 수밖에 없는 지금의 현실에 맞서는 방법으로 선택한 것이다. 건축주가 가지고 있는 예산안에서 구입할 수 있는 토지는 아주 제한적이었고 결국은 인근의 아주 작은 땅 6m x 10m(60㎡) 크기의 땅을 얻을 수가 있었다. 이 작은땅을 어떻게 풀 것인지에 대한 고민이 시작되었다. 건축주는 자신들의 독립공간을 성공적으로 풀어낼 수 있고 이 작은 땅에 지어질 건축에 대한 긍정적인 에너지와 열정을 보여줄 수 있는 건축가를 찾고 있는 것처럼 보였다.

이 땅을 처음 마주한 날 현장에서 나는 건축주와 좀 나른 시각으로 땅을 바라보았다. 좁은 땅에 자신들이 얼만큼의 공간을 만들고 불편함이 없이 지낼 수 있는 환경을 만들 수 있겠냐는 의구심과 다소 불안감을 가진 건축주와 달리 골목을 들어서자마자 장소가 가지고 있는 잠재력과 작지만, 우뚝 솟은 오브제의 상징성을 구현할 수 있을 것이라 생각했다. 땅에 진입할 수 있는 도로의 폭은 고작 차 한 대가 겨우 지나갈 수 있는 좁은 골목길이었다. 하지만 그 골목길은 진입과 동시에 길게 뻗은 선형의 방향성을 가지는 축이 되었고 그 골목의 막다른 위치가 건물이 지어질 터였다. 그 방향성이 길게 이어지다가 막다른 곳에서 사라지게 하고 싶지 않았다. 자연스럽게 솟아 있어서 물리적인 오브제를 통해 자연스럽게 어디론가 흘려보내고 싶었다. 자연스럽게 솟아오른 뿔은 땅으로부터 시작되었다는 의미를 가지게 하고 싶었다.

건물의 첫 이미지는 '덩어리'의 느낌이어야 한다고 생각했다. 장식적인 요소를 최소화하고 형태 자체를 디자인 요소로 풀려고 하였다. 마침 건물의 전면이 서향을 마주하고 있어 늦은 오후에 가장 밝은 건물의 표정을 읽을 수가 있다. 결과적으로 나는 골목 끝자락에서도 원하는 건물의 표정과 인상을 만들어 낼 수 있었고 작지만 당당한 건물의 이미지를 구현하게 되었고 가까이서는 보는 각도에 따라 건물의 다양한 표정을 의도하여 가늠할 수 없는 건물에 대한 호기심을 불러일으키고자 하였다.

Site area 63.71㎡ Building area 35.28㎡ Gross floor area 133.12㎡ Building to land ratio 55.38% Floor area ratio 153.71% Building scope B1, 3F Design period 2014. 5 - 2015. 3 Construction period 2015. 5 - 11 Project architect Hanjun Cho Mechanical engineer Hanbaek engineering Structural engineer Yongwoo engineering Construction Moowon Construction Photographer Youngchae Park, Inkeun Ryoo

Construction

In an alley in the city, on a small piece of land, the [horn] has risen. The width of the land facing the road is 6 meters, and the depth 10 meters. 60 square meters of land was what I had to work with. The pre-client, who is the representative of Galmuri Publisher, is also a writer, and political philosopher. He wished to build an independent space for his publisher on this small piece of land, and was looking for an architect who could help him fulfill his wishes. ("Galmuri" in Korean means reaping harvested grain or crops for food and to use as seeds. Thus the name "Galmuri" implies that the publisher intends to carefully reap the intellectual and practical achievements of humanity, while sowing the seeds of intelligence proper for our new era.)

By chance or destiny, I became in charge of the building design. In spite of the small size of both the site and the building, the process was every bit as difficult and intense as any large building. The entrance alley was as narrow as the size of our site, neighbors surrounding the site were all the more close to the construction site which resulted in frequent complaints from neighbors throughout the process, the site's soil was soft filled with underground water, and there wasn't enough space to load materials. It was the harshest environment imaginable for the construction workers.

Though small in size, I wanted the building to look bold amidst the high-density surroundings. Somewhat expressionless yet impressive, simple yet refined was what I aimed for. Finally, a white "horn" rose at the end of a small alley that retained the traces of time.

The horn was very close to the publisher's previous office space which they had used for a long time. The publisher's previous office space was filled with traces of their time, and by looking around the office one could easily grasp the attachment my client had for the space. However, the

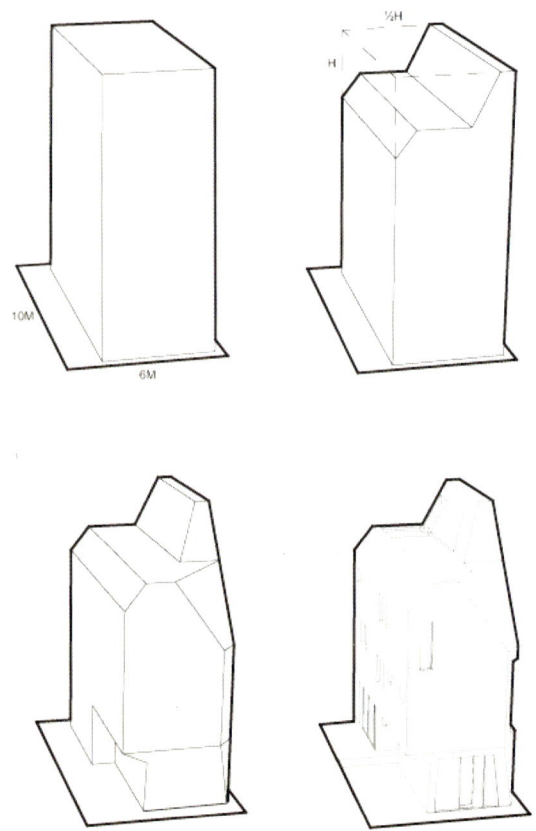

Mass Process

building was sold to a new landlord and it became financially difficult for the publisher to continue renting the space they had been using for so many years. Yet my client did not want to leave the vicinities, and decided to build a new independent space nearby. However with his budget, the land he could afford was very limited. Eventually he was able to buy a very small piece of land 6 meters wide and 10 meters in depth (60 square meters) in the neighborhood.

My client began to worry about how to achieve his goal on this small piece of land. My client seemed to be looking for an architect who could successfully build their independent space on this small piece of land, an architect who could show positive energy and passion for this project. When my client and I first visited the site, our perspectives on the situation were a bit different. My client had doubts and was anxious about whether they'd be able to create an environment large enough and sufficiently convenient for their activities on this small land. On the other hand, the architect, as soon as he entered the alley, understood the potential of the site, and believed he could realize the symbolism by creating an object that is small yet confident. The alley that leads to the land is only wide enough for one car at best.

However, as soon as one enters the alley it became a linear axis, and at the very end of that alley was where the new building would be built. I did not want the linear direction to disappear at the end of the alley. What I wanted was to maintain the continuous new axis-direction by constructing a new building on a small ground. I wanted something that stands natural, something that is consistent with the direction of the entrance alley, so that the alley's direction would naturally slide by the building.

I wanted the building to embody the sense that the horn sprouted out from the land. I thought the first impression of the building should be the feeling of a 'lump'. The 'lumpy' feeling could be achieved by minimizing decorative elements and using the building's mass itself as a design feature. As it happened, the front of the building was facing west, so the building's brightest expression could be read in the late afternoon. Eventually the architect was able to create the expression and impression of the building that he intended, and materialize the small yet bold image. The architect tried to give the building a variety of expressions that differed depending on the viewing angle, so that the building had an indeterminate quality that in turn arouses curiosity from viewers.

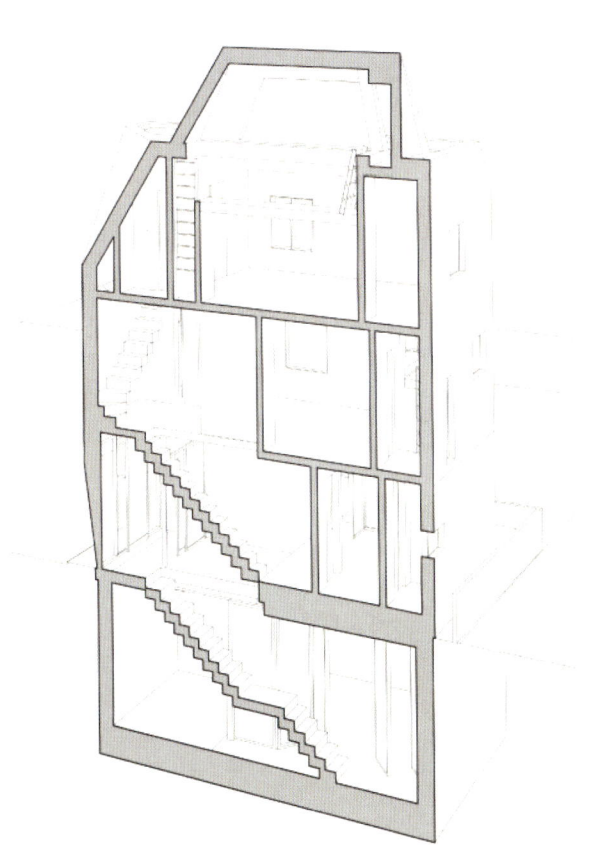

Section

1. LECTURE ROOM
2. MAIN ENTRANCE
3. HALL
4. PARKING
5. TERRACE
6. SEMINAR ROOM
7. TOILET
8. OFFICE
9. ROOF TERRACE

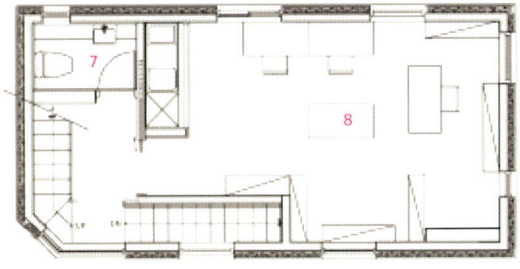

2nd Floor Plan

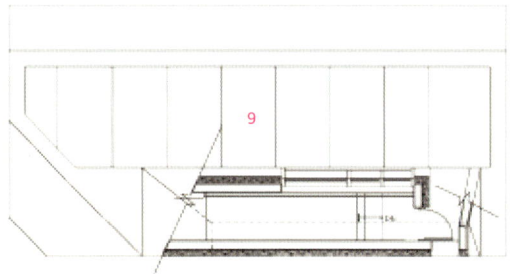

3rd Floor Plan

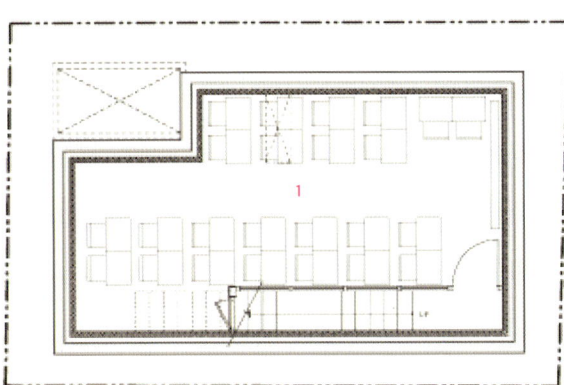

B1 Floor Plan

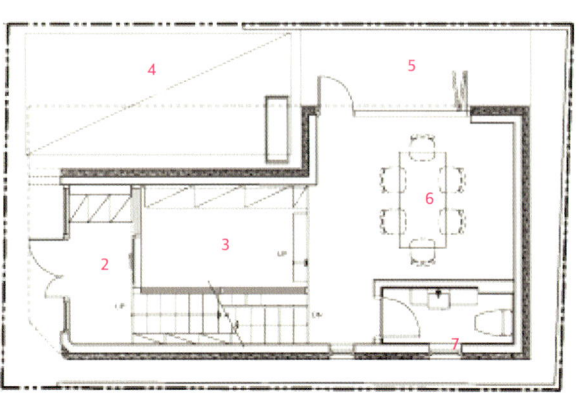

1st Floor Plan

오더 5D

필름

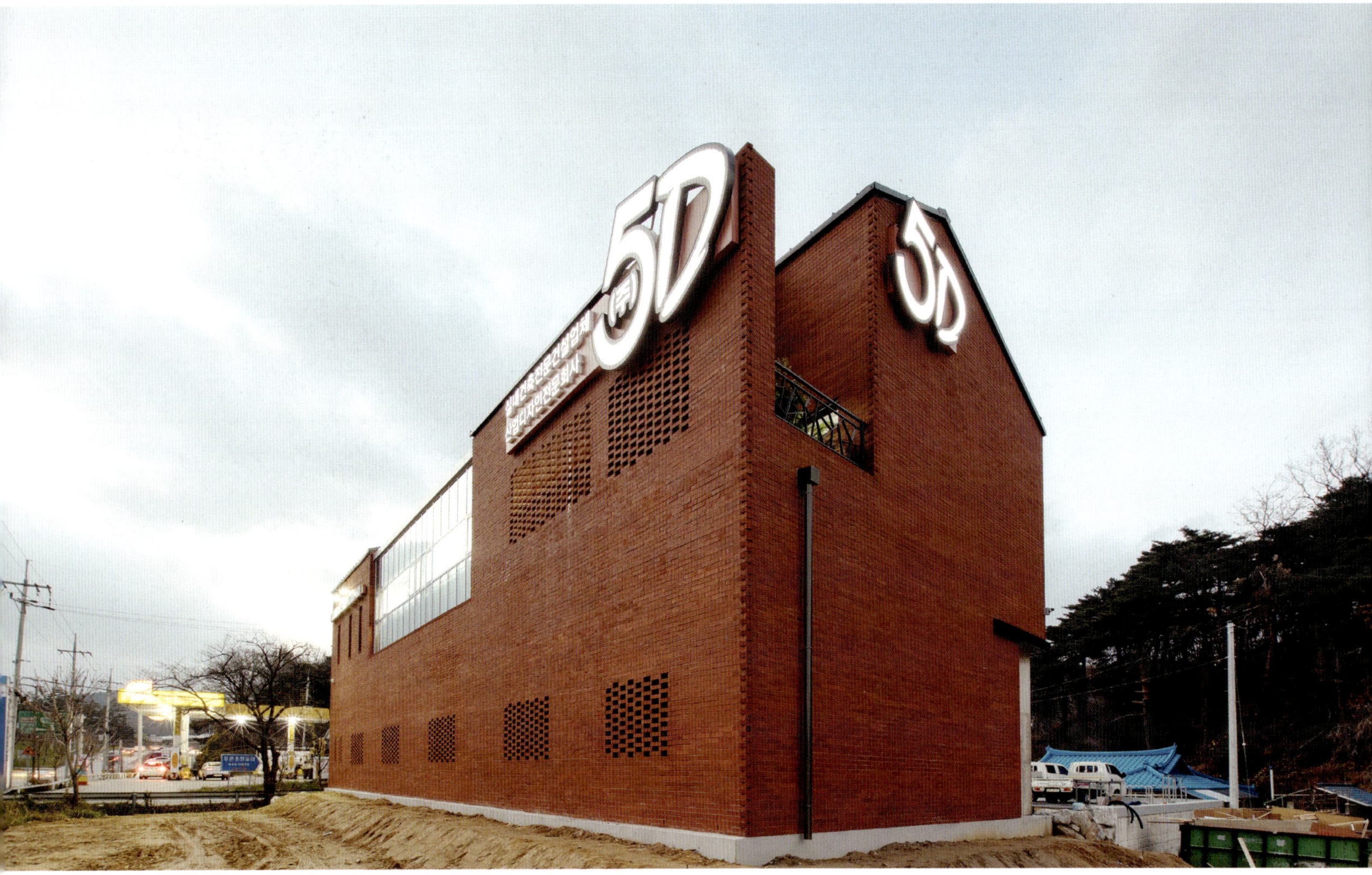
(주)5D
실내건축전문건설업체
산업디자인전문회사
5D

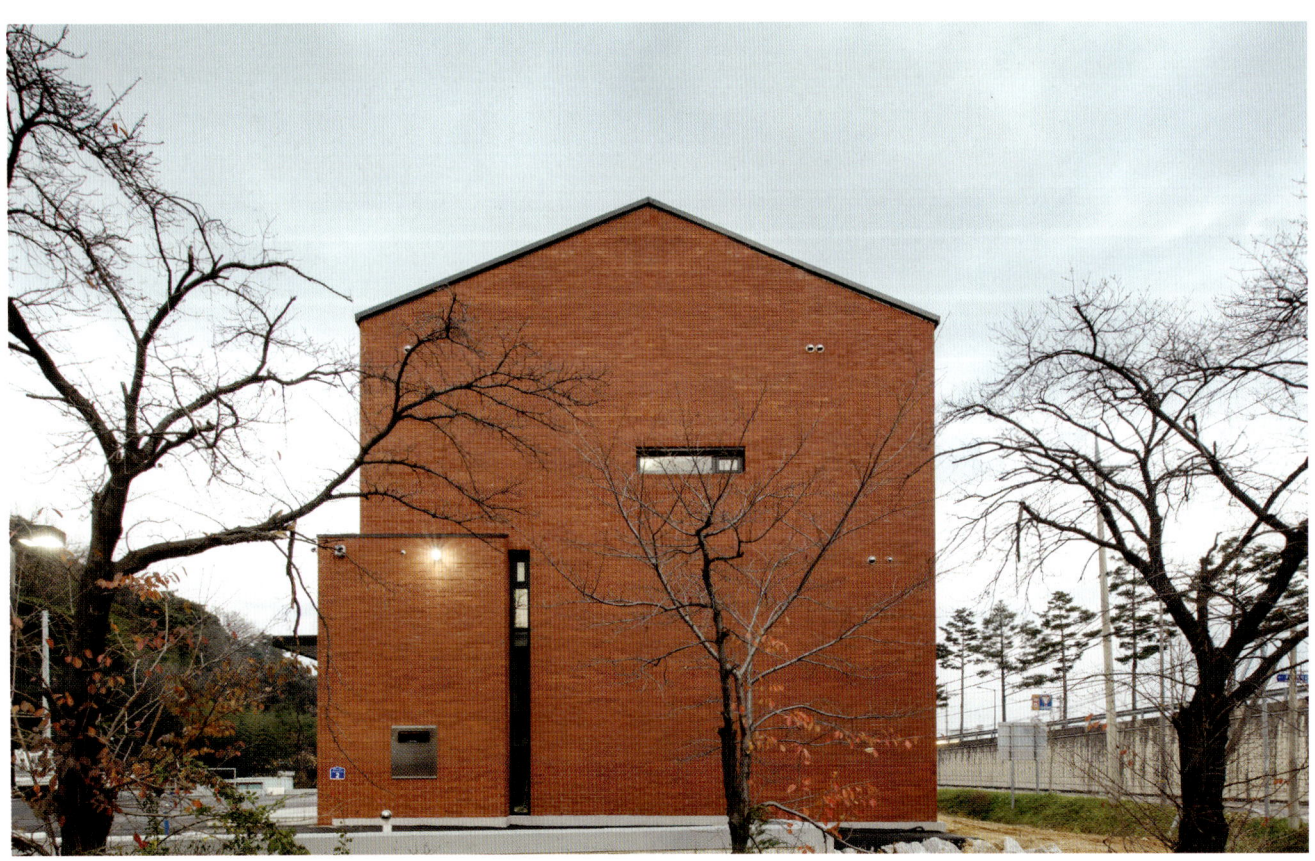

이승환, 전희선

각각 강릉과 순천 지역 출신으로, 서울시립대 대학원에서 만나 졸업 후, (주)나우동인 건축사사무소 등에서 실무를 쌓았다. 현재는 지역(강릉)에서 활발히 활동하는 젊은 건축가들이다. 주택, 리모델링, 근린생활시설과 같은 작은 프로젝트부터 학교, 가로환경개선사업에 이르기까지 다양한 건축 작업을 통해서 지역과 소통하고 있다.

도시의 가로(街路)는 다양한 풍경을 제공한다. 우리가 흔히 접하는 도심의 가로풍경은 건축물들이 주를 이루고 있지만, 도심에서 살짝만 벗어나도 가로는 다양한 풍경으로 우리를 맞이한다. 이런 여러 풍경은 이동의 수단에 따라, 인식에 일종의 속도를 가지게 된다.

대지는 강릉 도심에서 강릉IC로 진입하기 위해 빠져나가는 대로변에 위치하고 있다. 대지 전면에는 소나무를 가로수로 하는 고가도로가 있으며, 뒤로는 소나무 군락이 있는 나지막한 야산이 병풍처럼 대지를 감싸고 있어, 2층 높이에서 펼쳐지는 전·후면의 열린 전망이 아주 매력적이다.

본 프로젝트는 "5D"라는 인테리어 회사의 사옥으로, 건축주는 건물이 가로변에서 자신만의 이미지, 혹은 이야기를 보여주고 싶어 하였다. 우리는 디자인회사 사옥으로서의 이미지를 강렬하게 인식시키되, 주변 가로환경과 어우러지는 건축물이 되기를 바랬다. 또한 하루 대부분을 회사에서 생활하는 직원들을 위해 쾌적하면서도, 행복하게 업무를 볼 수 있도록 하고 싶었다.

위 두 가지를 실현시키기 위해 첫 번째로, 고가도로변을 지나는 자동차 안에서 건물이 빠르게 인식될 수 있도록 형태를 단순하고 명쾌하게 디자인하였다. 고가도로는 보행의 공간이 아니라 오로지 속도를 내는 자동차를 위한 가로로써 작용한다. 이는 사람의 시선, 즉 "풍경의 속도"가 빠르기 때문인데, 단순한 매스 디자인과 붉은색 벽돌을 사용하여 건축물이 쉽게 인식될 수 있도록 하였다.

더불어 각 공간의 성격을 고려한 입면을 구성하여, 자신만의 이야기를 보여주고자 하였다. 건물 중앙의 커튼월 매스는 디자인회사의 깨끗한 이미지를 외부로 투영하는 동시에, 주변 소나무 풍경을 내부로 끌어들이기 위해 만든 건축적 장치로서, 내외부의 소통이 사용자에게 공간의 풍요로움을 제공하는 데에 그 의미가 있다. 발코니는 직원들의 휴게 공간으로써 외부 환경과 소통할 수 있으며, 폴딩도어를 활용하여 주변의 출력실, 회의실 함께, 그 공간의 쓰임이 다양하도록 하였다.

가을 단풍과 더없이 잘 어울리는 5D가 기존의 가로 풍경에 보탬이 될 수 있기를, 또한 공간을 사용할 이들의 행복한 삶을 바라본다.

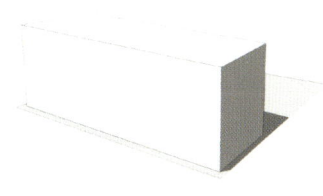
Limited Volume

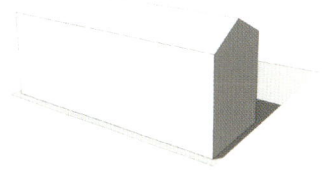
Mass Adapted to nature

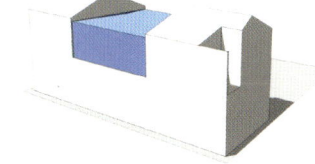
Correspond to Street

Diagram

Site area 956㎡ Building area 277.47㎡ Gross floor area 493.37㎡ Building scope 2F Building to land ratio 29.02% Floor area ratio 51.60% Design period 2018. 2 - 6 Construction period 2018. 7 - 11 Principal architect Seunghwan Lee, Heesun Jun Project architect Seunghwan Lee Structural engineer Jeong Structural Engineer Mechanical engineer Shin Ho ENG Electrical engineer Shin Ho ENG Construction 5D Client 5D Photographer Yohan Kim

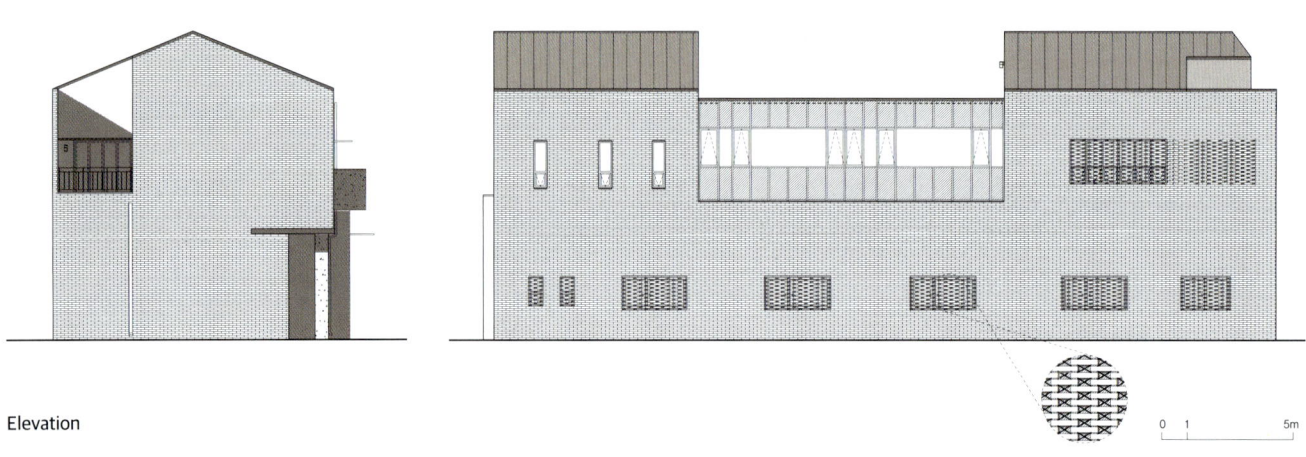

Elevation

The city's streets provide various sceneries. The streetscape that we often see is composed mainly of architecture, but going just a bit further from the city center we are welcomed by various scenery. These various landscapes are recognized with a certain speed, if you will, depending on the means of movement.

The site is located on the side of a street that goes from downtown Gangneung to the entrance of Gangneung IC. There is an overpass lined with pine trees in front of the site, and behind it is a small hill with a community of pine trees, surrounding it like a folding screen. The open view of the front and rear, seen from the second floor is very attractive.

The project is the office building of "5D", an interior company, and the owner wished for the building to show its own image or story on the roadside. We wanted the building to be easily recognized as a design firm, but also for it to blend in with the surrounding landscape environment. We also wanted for employees, who spend most of their day in the office, to be able to work in a happy and pleasant environment.

Construction

In order to realize the above two things, firstly, we designed a clear and simple form so that the building can be recognized immediately by cars passing the highway. The overpass is not a pedestrian space, but acts as a street only for cars that travel at high speed. This is because a person's attention, or "speed of scenery" is fast, so we used a simple mass design and red bricks to make the building noticeable.

In addition, we designed the elevation to show the story of each space, so that it tells its own story. The curtain wall mass in the center of the building is an architectural device designed to project the clean image of the design company to the outside and to draw the surrounding landscape into the interior. The significance lies in the interior and exterior providing the richness of space to users. As a resting space for staff, the balcony communicates with the exterior environment, and we installed a folding door to allow the printing room and meeting room to be used in various ways.

We hope that the 5D building, which blends in nicely with the autumn leaves, can contribute to the existing landscape, and also for the happiness of those who use this space.

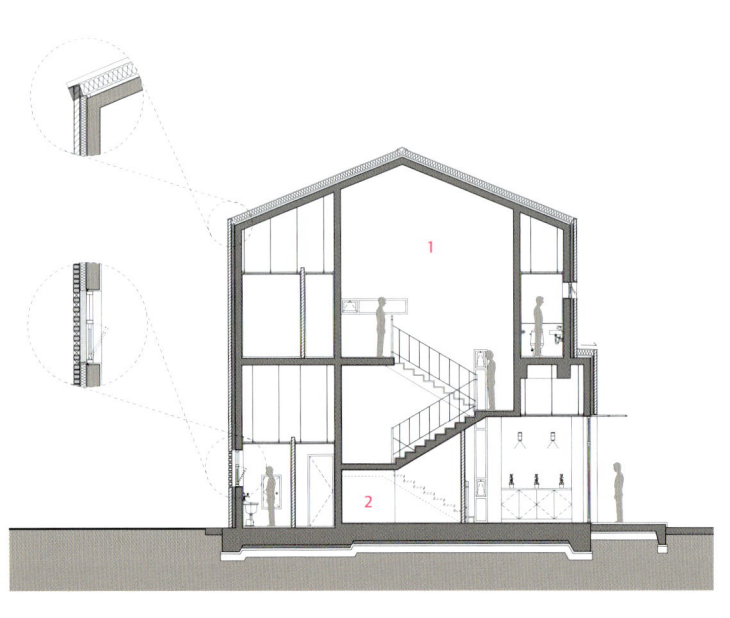

Section

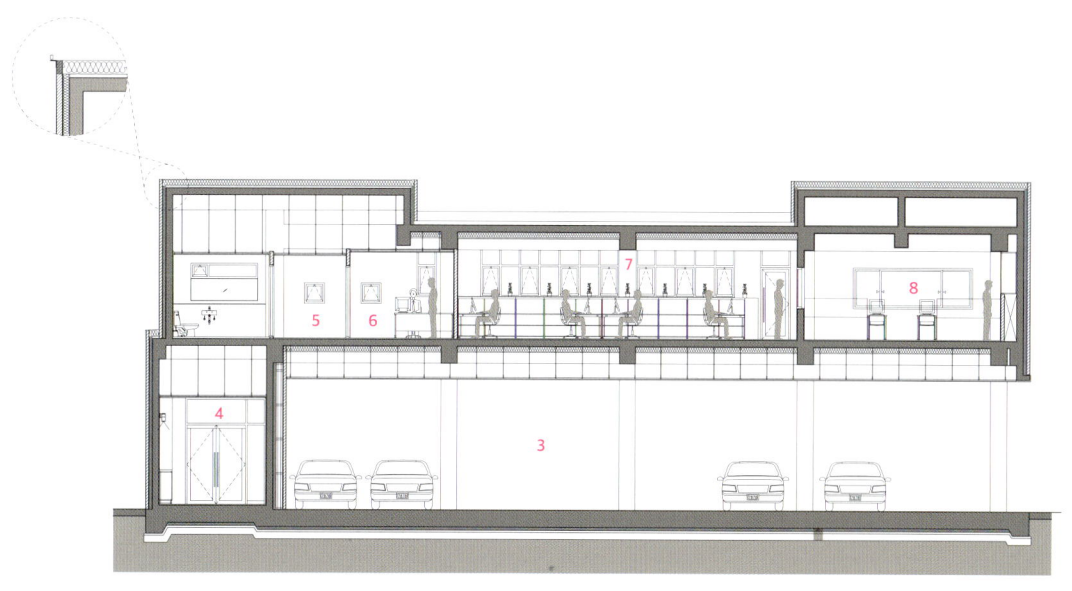

```
0  1      5m
```

1 STAIRS	4 LOBBY	7 OFFICE
2 STORAGE	5 LOUNGE	8 PRINT ROOM
3 PARKING LOTS	6 CEO ROOM	9 ATTIC

Section

1 MANUFACTURING ROOM
2 LOBBY
3 CORRIDOR
4 OFFICE
5 PRINT ROOM
6 MEETING ROOM
7 STORAGE
8 BALCONY
9 CEO ROOM

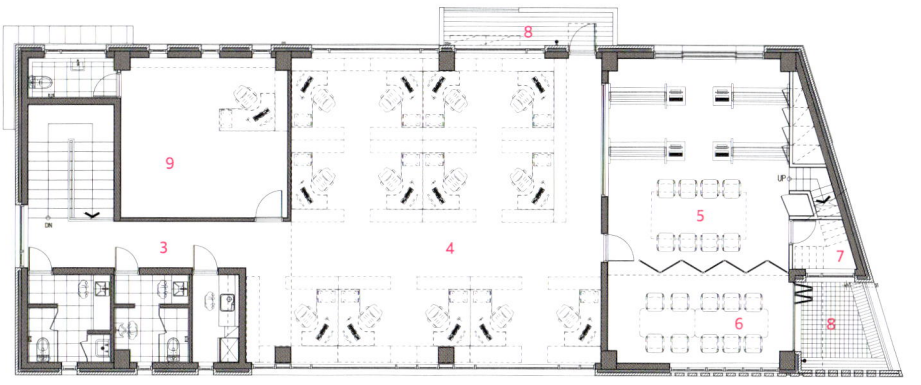

2nd Floor Plan

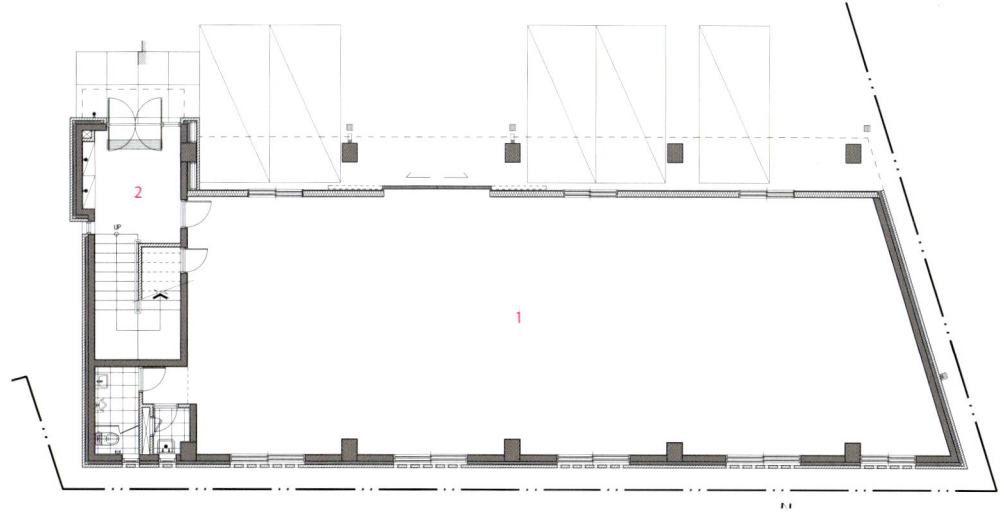

1st Floor Plan

디자인큐브사옥 DESIGNCUBE Company Building

주

디자인큐브
종합건설(주)
설계·건축·인테리어

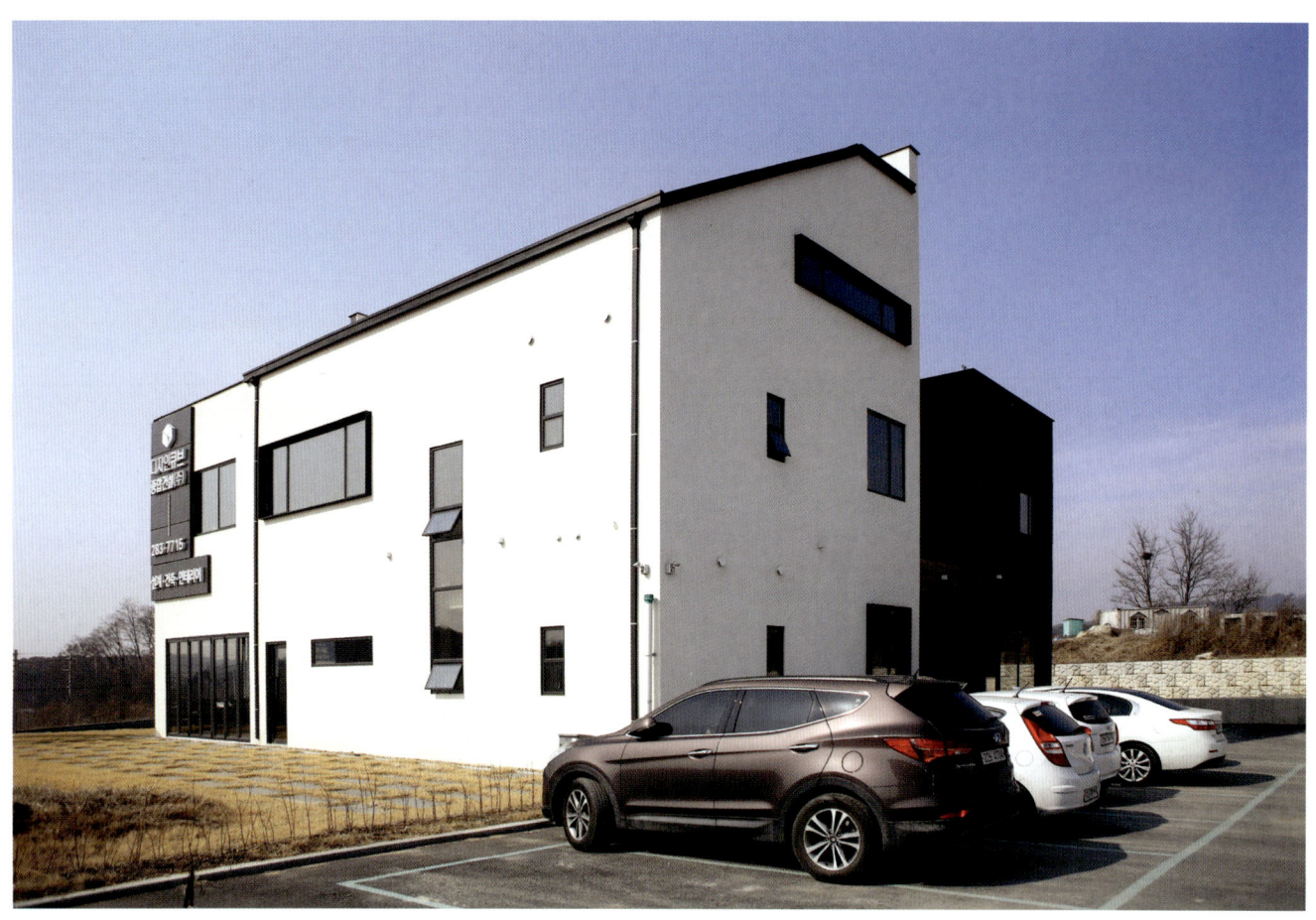

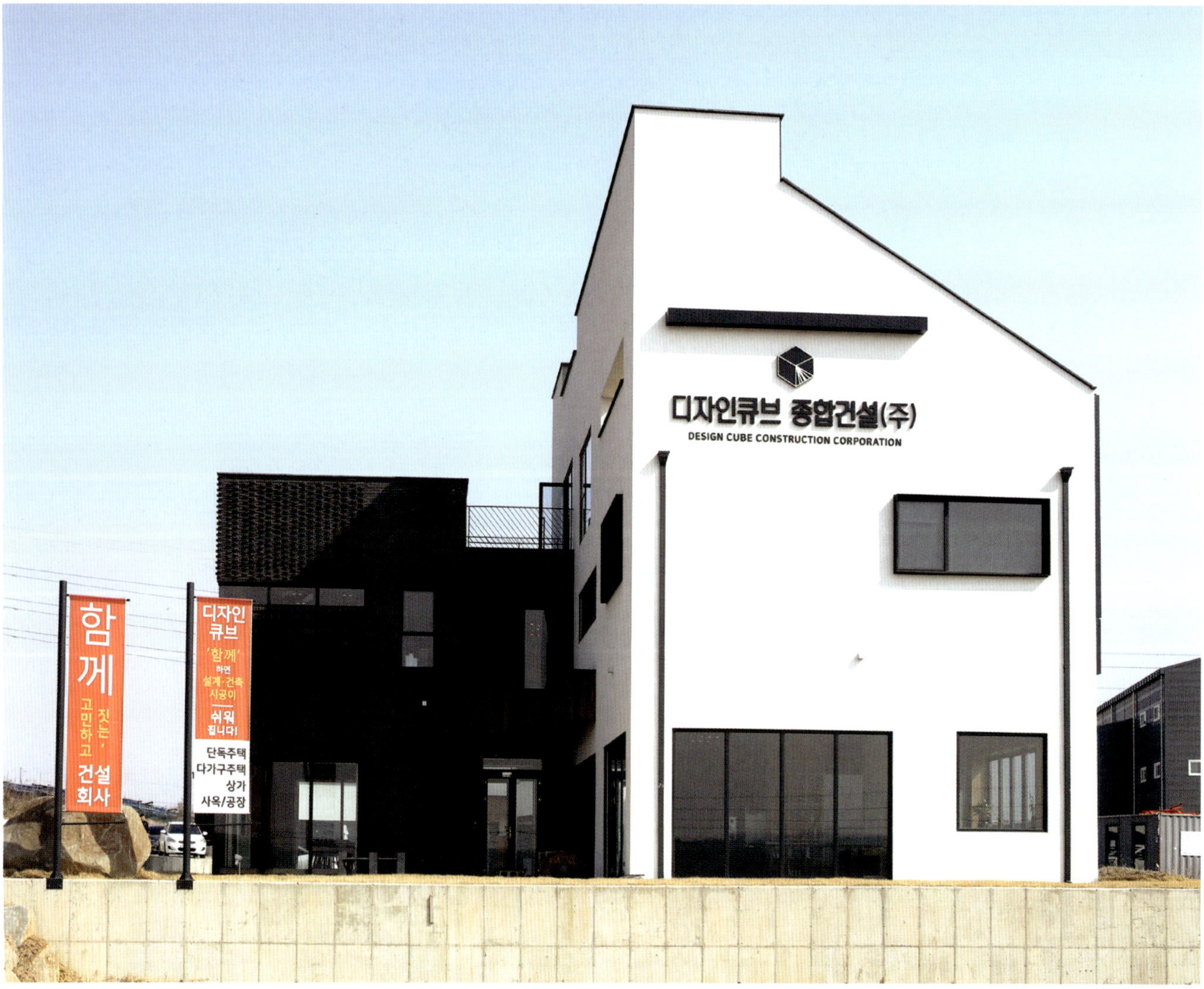
디자인큐브 종합건설(주)
DESIGN CUBE CONSTRUCTION CORPORATION
함께
고민하고 짓는,
건설
회사
디자인
큐브
'함께'
하면
설계·건축
시공이
쉬워
집니다!
단독주택
다가구주택
상가
사옥/공장

신공간건축사사무소
NEOSPACE ARCHITECT'S & PRODUCTION

이진경

충북대학교 건축공학과를 졸업하고, 종합건축사사무소 진원토우
및 부친이 경영하던 기신건축사사무소에서 실무를 쌓았다. 이후
신공간건축사사무소를 개설하고, 충북대학교 건축학과 겸임교수로
재직했으며, 현재 대한건축사협회 논설위원으로 활동하고 있다.
노출콘크리트의 기하학적인 건축과, 시뮬레이션 이론 연구를
중점적으로 해왔고, 주요 작업으로는 '청주시 수암골 (주)카페레체
마스터플랜, 지베온 미래주거 리조트 단지 기본설계, 포스벨글로벌
오창공장, 가영당/황희연 교수 도시연구소, 인동주택 서유재, 패션
사옥 파티수, 문의 미술가의 집' 등이 있다.

충청북도 청주시 흥덕구 휴암동
Hyuam-dong, Heungdeok-gu, Cheongju-si, Chungcheongbuk-do

세종시와 청주시를 잇는 도시 외곽 도로변에 위치한 이곳은 고속도로와 각 도시가 연결된 인터체인지가 인접하고 세종시와의
긴밀한 도시 협력구조를 이루며 향후 도시적 발전 가능성이 높은 지역이다. 원삼국시대와 백제 시대의 유적이 위치하는 송절동은
미호천과 무심천이 만나는 지역으로 주변은 비교적 낮은 구릉으로 이루어져 있다. 인근에는 공설운동장 및 축구장, 대형 예식장이
건설되어 있고 사통팔달 교통이 원활한 지역이다. 디자인큐브건설 사옥이 이전 계획을 세우고 현장을 처음 방문했을 때에
랜드마크적인 대지의 위치에 맞물려 외곽도로의 시끄러운 자동차 소음에 건물을 과감히 서향 배치하였다.
남향에는 창호 이외엔 개구부가 없고 북쪽의 진입도로로 차량과 사용자가 진입하여 각각 동서 향의 출구를 계획하였다.
인접대지에 동시에 계획하게 된 업무공간과 연계하여 이용할 계획으로 넓은 마당과 주차시설을 중정처럼 두고 동서측으로 두 동을
배치하였다.
기능은 1층에 건축인들의 교류를 위해 카페 공간을 두고 건축관련자들이나 건축디자인을 선호하는 방문객들이 자유롭게 드나들며
건축에 관한 논의를 할 수 있도록 도서실, 자재전시실, 카페 공간 등을 계획하였으며, 두 매스를 나누어 건물 중앙의 계단을 통해
2층에 오르면, 각 방향으로 만들어진 창호를 통하여 빛의 유입을 느낄 수 있게 하였다. 2층 공간은 디자이너들과 대표이사의
집무실 등이 있으며, 3층공간에 오르면 서북 측의 두 개의 데크 공간에 회의실과 홀을 통해 각각 시각적 연장을 느낄 수 있다.
경사진 천장을 지닌 회의실에서의 시야는 인근의 경관과 계절의 변화를 시시각각 경험할 수 있도록 가로로 긴 창과 외부와 오픈된
공간을 통해 공간적인 풍성함을 느낄 수 있다.

Elevation

Site area 1,060.00㎡ Building area 209.95㎡ Gross floor area 498.29㎡ Building scope 3F Building to land ratio 19.81% Floor area ratio 47.01% Design period 2017. 5 - 8 Construction period 2018. 2 - 9 Completion 2018. 9 Principal architect Jinkyeong Lee Project architect Jinkyeong Lee Design team Jisunk Kim, Sujin Kim Interior design DESIGN CUBE Structural engineer Yeon-Woo ENG Mechanical engineer CK ENG Electrical engineer MIREA ENG Construction DESIGN CUBE CONSTRUCTION CORPORATION Client DESIGN CUBE CONSTRUCTION CORPORATION Photographer Jinkyeong Lee

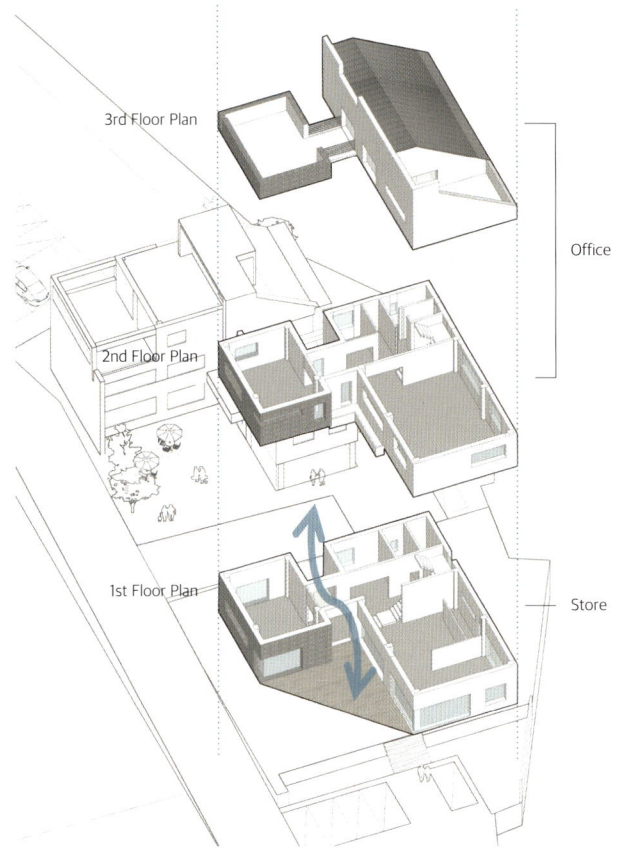

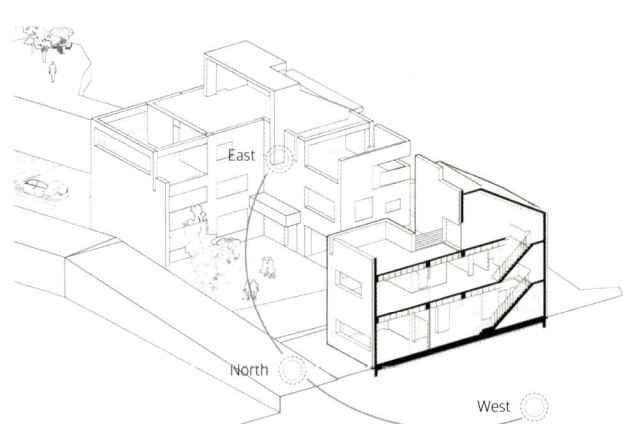

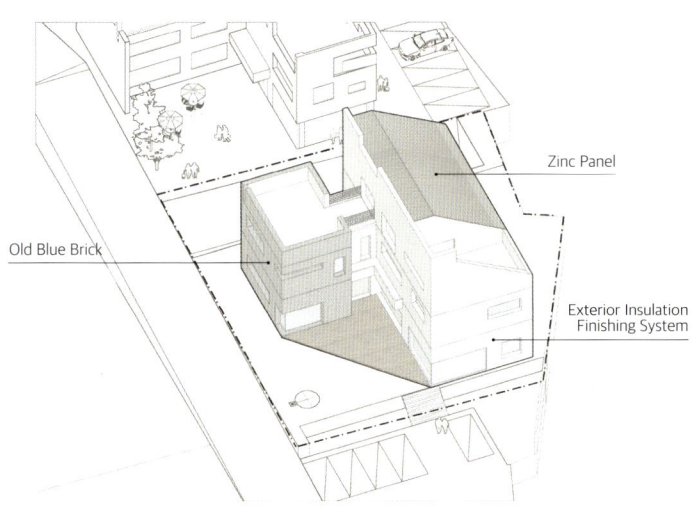

Diagram

Located on the outskirts of the city connecting Sejong City and Cheongju City, this area is close to the expressway and the interchange connected to each city. The area has a close urban cooperation structure with Sejong City and is a highly likely area for future development. The Songjeol-dong, where the ruins of the Three Kingdoms Period and the Baekje Period are located, is where the Miho stream and the Musim River meet. The surrounding area is composed of relatively low hills. Nearby, public playgrounds, soccer fields, and large wedding halls have been constructed, and the traffic runs smoothly. When the Design Cube Construction Company building set up the initial plan and visited the site for the first time, they found it placed on a noisy outskirts road in a section of the landmark land. That is why the building was boldly placed in the western direction.

In the south, there are no openings other than windows, and vehicles and pedestrians enter through the northern entrance roads and use east and west exits. It is planned to be used in conjunction with the work space planned for the adjacent site. The large courtyard and parking facilities have a garden in the middle, and the two buildings were arranged on the east and west. On the first floor there is a café. The space was designed to provide a library, a materials exhibition room, and café space to allow architects and visitors who are interested in building to freely enter and carry on discussions. When the two building masses were divided and one climbs to the second floor by the stairs in the center of the building, one can feel the flow of light through the windows made in each direction. The second floor includes the offices of the designers and the CEO. When you enter the third floor, you can feel a visual extension through the meeting room and the hall into the two deck spaces on the north and west sides. The field of view in through the long window and the open space created by the sloping ceiling of the conference room imparts a spatial richness and allows one the to experience the changes in the landscape and the seasons.

1 RESTAURANT
2 OFFICE
3 TERRACE

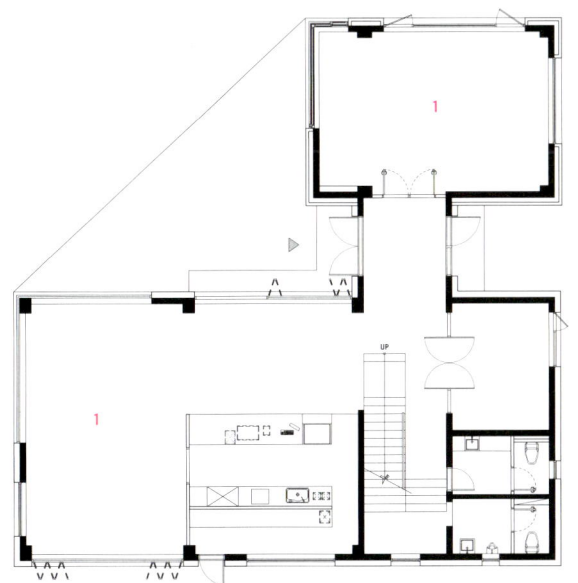

1st Floor Plan

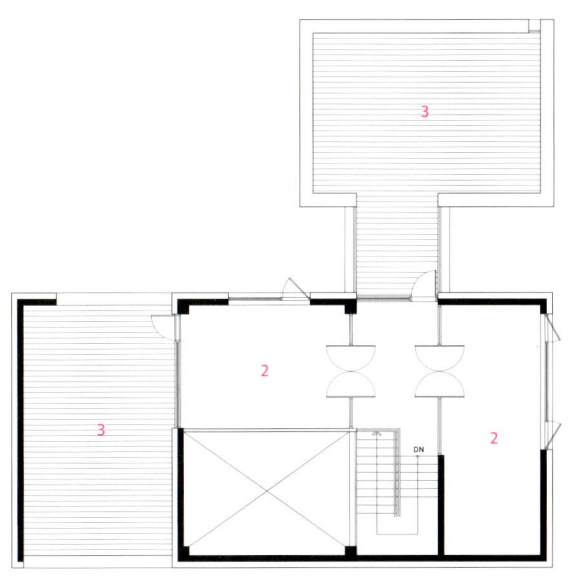

3rd Floor Plan

쌤북스 사옥 Somebooks office building

(주)건축사사무소 메타 METAA

우의정

한양대학교 건축학과를 졸업 후 건축사사무소 메타를 설립하여
현재까지 운영 중이다. 건축 설계, 컨설팅, 강의 및 자문 등
건축을 바탕으로 다양한 활동을 하고 있다. 영주 콩세계과학관,
화순 불교문화관, 율곡로 지하터널 디자인 설계 공모전에서
당선되었으며, 현재 서울시 공공 건축가이다.

경기도 파주시 서패동
Seopae-dong, Paju-si, Gyeonggi-do

썸북스 사옥은 창작과 소통이 함께 어우러지는 복합문화공간이다. 대지가 갖고 있는 최대의 개발규모는 상당한 크기이나 건축주의 중장기적 요구공간의 규모와 적정 공사비의 정도를 고려하여 내린 결정은 수평의 증축이었다. 공간의 구성과 구조적 요인을 감안하면 수직으로의 증축이 유리하지만 단계별 완성도가 더욱 중요한 요소라고 판단하여 1단계에서는 대지의 상당 부분을 남겨놓고 한쪽에 지상 부분을 구축하기로 하였다. 다만 지하공간은 향후 추가공사의 어려움과 2단계가 전제되는 구조를 위해 최종적인 공간을 1단계에서 공사하기로 하였다. 여섯 개의 필지로 구성되는 당해블록의 모퉁이에 위치한 대지는 사거리에서의 여유를 제공하고자 1단계의 지상 매스는 대지의 안쪽에 위치시키고 남은 대지는 도로의 모든 방향에서 시각적으로 개방되는 잔디마당으로 조성하여 이 공간은 출판도시의 틈으로 작용하면서 주변 건물과의 위화감을 조율한다. 대개의 경우에는 대지의 경계에서 건물의 진입까지의 외부공간에서 완충과 매개와 전이가 일어나도록 하여 동선의 흐름이 자연스럽게 이어지도록 하는 형식을 취한다. 하지만 이 건물은 건축주의 개성을 위하여 창의적인 공간을 상상하였다. 비정형의 매스는 매우 단순하며 독특하다. 마치 치즈케이크를 여러 켜로 잘라 놓은 듯한 형상은 출입구나 계단실 또는 옥탑과 같은 일반적인 건물의 부가적 요소가 없다. 정면의 큰 창과 콘크리트와 유리의 배열을 통한 매스의 분절은 인지되는 스케일을 혼성하여 규모를 가늠하기 어렵게 만든다. 건물에 진입하기 전 이용자들은 외관을 보고 다층의 구조를 떠올린다. 하지만 이 건물은 단층의 구조이다. 향후의 증축을 고려한 이유도 있지만 모든 상상이 가능할 수 있는 단일체의 복합홀은 들어서는 순간 작은 놀라움을 주며, 숨어있는 지하계단 외에는 어느 것도 인지되지 않아서 잠시 방향성을 잃고 비정형의 큰 공간에 놓여지게 된다.

홀에서는 무엇이든 가능하다. 정면의 큰 창으로 외부와의 소통에도 유리하며 전시, 공연, 학습, 창작 등 원하는 상상이 이루어지는 장소로 일상에서 흔히 접하지 못하는 특별한 체적의 공간이다. 홀의 모양이 직사각형이 아니면서 층고도 비상식적이다. 조도를 위해 허공을 가로지르는 일자의 철구조물은 십자가를 연상시키며 이 공간이 종교공간이라 해도 무방할 정도의 힘을 갖는다. 지하로 향하는 계단은 폭이 좁고 길다. 일방향의 계단은 유입의 이미지를 강하게 만들어주며 지하에 도달하면 새로운 큰 홀을 만나게 된다. 폭이 좁고 높은 선큰 마당에 면한 큰 창은 지하공간의 한계를 극복하며 안정적인 환경을 제공하고 1층으로 이어지는 외부세단은 이용 동선의 선택을 폭넓게 한다.

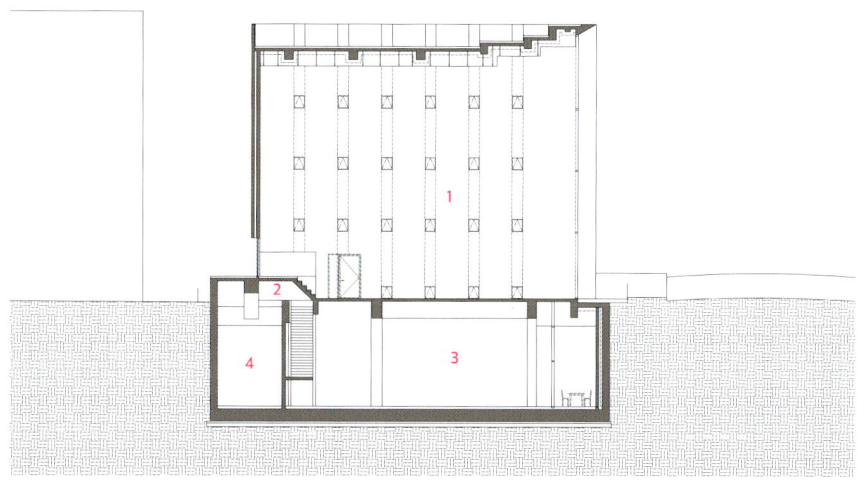

1 GALLERY
2 UTILITY ROOM
3 MULTIPURPOSE ROOM
4 WORK ROOM

Section

Site area 695.1m² **Building area** 161.1m² **Gross floor area** 519.55m² **Height** 15m **Building scope** B1, 1F **Building to land ratio** 23.18% **Floor area ratio** 21.16% **Design period** 2014.12 - 2015.9 **Construction period** 2015. 9 - 2016. 11 **Principal architect** Uijeong Woo **Project architect** Yeongbae Kim **Photographer** Jeonghwan Lee

Somebooks Office Building is a complex cultural space with a mixture of creativity and communication. The maximum area of land that can be developed is quite large, but considering the scale of the medium- to long-term space required by the client and the appropriate construction cost, decided to go with horizontal expansion. Considering the structural factors and the composition of the space, vertical expansion would be advantageous. However, upon concluding that the degree of completion of each phase is most important, we decided to construct aboveground on one side, which left much of the site untouched in the first phase. But, we resolved to complete work on the underground space in the first stage, considering the difficulty of future additional works and to make a structure that assumes a second stage. The site located at the corner of the block, which consists of six lots, was positioned on the inner part of the site to provide adequate space from the intersection. The rest of the land was made to be a grass plot that is visually open from all directions, and this space works as a gap of space in Paju Book City and arbitrates a sense of coziness with the neighboring buildings. In most cases, the circulation is made to flow naturally in the external space, from the boundary of the site to the entrance of the building in the form of buffering, mediation, and transitioning. However, for this building, we came up with a creative space for the sake of the client's individuality. The atypical mass is very simple and unique. With the shape like that of cheesecake that has been sliced in many layers, there is an absence of additional elements of a typical building such as an entrance, staircase or a rooftop. The large windows in the front and the masses segmented by the arrangement of concrete and glass make it difficult to quantify the size of the perceived scale. Before entering the building, visitors see the exterior and anticipate a multi-layered structure. But this building has a single story. Future expansion is one reason, but the building surprises the visitor when they enter the single-story complex hall, in which anything can be imagined, and they lose their

sense of direction for a moment as they find themselves in a large, irregular space where nothing is recognized except a hidden stairway leading underground. Anything is possible in a hall. It is easy to communicate with the outside world through the large window in the front, and it is a place where anything you imagine such as exhibitions, performance, learning and creative work is possible; it is a space of special volume which is not often encountered in everyday life. The shape of the hall is not rectangular, and the floor height is also illogical. The straight iron structure crossing the air to regulate light is reminiscent of a cross, and it is powerful enough to make it seem like a religious space. The stairway to the basement is narrow and long. The one-way staircase creates the image of inflow, and upon reaching the basement, you enter another large hall. The large window facing the narrow and high-walled sunken courtyard overcomes the limit of the underground space and provides a stable environment. The outer stairway leading to the first floor broadens the options of circulation.

1 GALLERY
2 UTILITY ROOM
3 KITCHEN
4 TOILET
5 SUNKEN

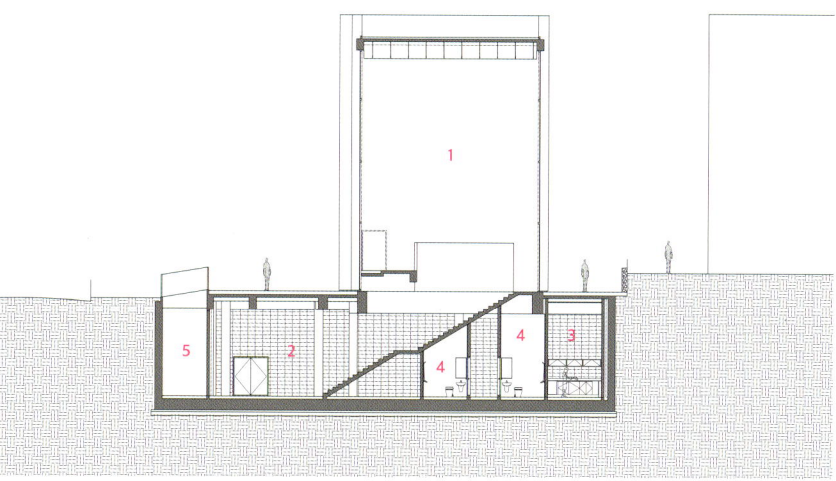

Section

1 GALLERY
2 TEA MAKING ROOM
3 UTILITY ROOM
4 MULTIPURPOSE ROOM
5 KITCHEN
6 WORK ROOM
7 MECHANICAL ROOM
8 TOILET
9 SUNKEN

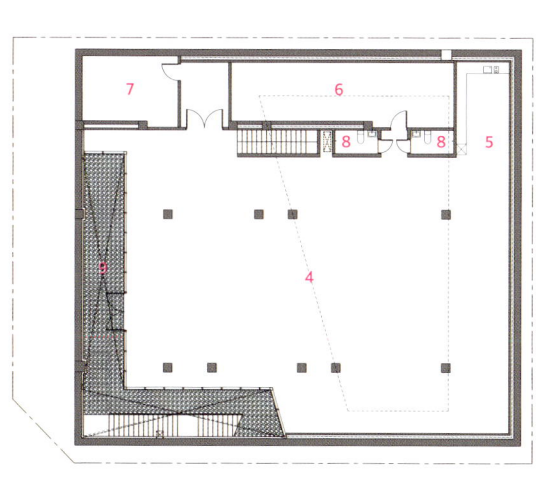

B1 Floor Plan

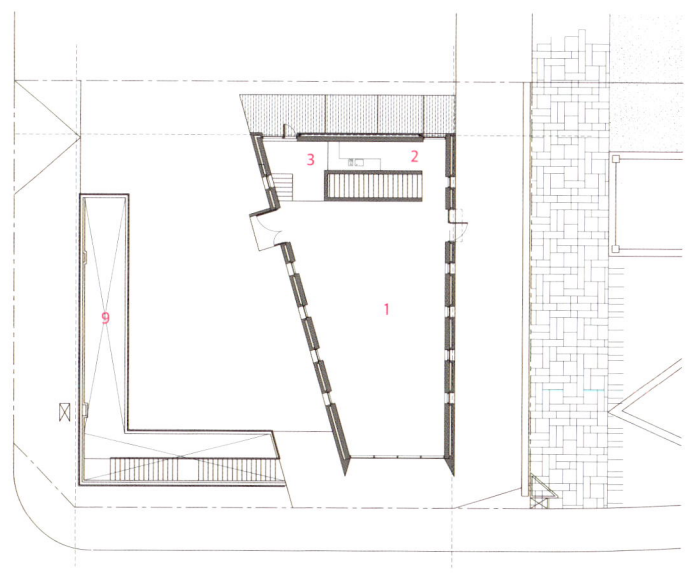

1st Floor Plan

스타25빌딩 STAR25 BUILDING

다진

(주)파인드건축사사무소 Find Architects

나효신, 고태영, 박기호, 윤주미

Find Architects는 나효신, 고태영, 박기호, 윤주미가 공동으로 설립한 건축사사무소이다. 이들은 건축디자인이 그 장소 또는 공간의 보이지 않는 가치를 재발견하여 건축주를 포함한 사회적인 요구를 만족시키는 공간을 구현하는 과정이라고 생각하며, 그 과정을 성실하게 밟아가는 것이 기본이라고 믿는다. 현재 호텔&리조트, 주상복합, 공동주택, 오피스텔, 지식산업센터 등 다양한 프로젝트를 진행 중이다.

경기도 안양시 관양동 Gwanyangdong, Anyang-si, Gyeonggi-do

본 프로젝트의 대지는 안양의 학의천이라는 하천을 따라 형성된 도로에 면하고 있다. 남쪽으로는 하천을 정면으로 마주보고 있기 때문에, 건축물의 내부공간은 남향의 채광이 풍부하고 조망이 하천으로 열려 있으며, 주변 어디에서든지 눈에 잘 띄는 곳에 자리잡고 있다. 이 건물은 저층부는 임대를 주고, 대부분은 건축주가 운영하는 회사의 사옥으로 사용할 예정이었다. 사옥이 주된 용도인 만큼, 건축주는 처음부터 이 건물이 특별한 느낌을 주는 인상적인 디자인이 되기를 원했다. 건축주와의 디자인 논의를 통해 이 건물이 아름다운 산책로를 가진 학의천 변에서 낭만적인 분위기를 이끌어 가는 첫 번째 건물이 되기를 바랐으며, 건물의 파사드가 주변의 맥락과도 연관을 가진 인상적인 건물이 되기를 원했다.

6층 규모인 이 건축물은 1~2층은 임대 매장, 3~5층은 건축주가 운영하는 제조업장, 6층은 사무실로 이용되는데 건물의 매스는 이러한 용도에 따라 3개로 분리되었다. 작은 매스들이 결합된 형태는 주변 스케일에 부합하면서도 하천변 산책로와 다리, 그리고 주요 접근로에서 바라보는 경관에 따라 서로 다른 이미지를 만들어낸다. 이 때 코어는 방향성이 다른 3개의 매스를 고정시키는 구조적인 역할을 하기도 한다.

입면 디자인은 주변의 자연환경에서 모티브를 얻었다. 학의천은 안양천에서 분리되어 안양을 가로지르며 흐르는 도심형 하천으로, 한국의 아름다운 하천 100선, 한국의 100대 아름다운 길에 선정된 바 있을 만큼 초목이 풍부하고 산책하기 좋은 도심 속 휴식공간이다. 설계가 시작될 무렵이었던 5~6월의 하천변은 풍성한 초목과 물결, 풍부한 햇살을 받아 일렁이는 나뭇잎들 사이로 떨어지는 그림자로 가득했는데 이러한 풍경은 자연의 빛을 화폭에 담고자 했던 인상주의 화가들의 붓터치를 떠올리게 했다.

건물 내부에서 화가의 붓 터치와 같은 다채로운 그림자를 감상할 수 있는 공간을 연출하면서 동시에 직사일광을 피할 수 있는 외피를 고민했는데, 이 외피는 단순한 무작위한 패턴이기 보다는 노골적이지는 않지만 거리를 걷는 사람들이 경관으로서 즐길 수 있는 시각적 메시지나 이미지를 전달 할 수 있기를 원했다. 따라서, 내구성이 좋으면서도 가공이 비교적 자유로운 외장재인 고강도 압축판넬을 외장재로 사용하고 남측 전면에는 수직 루버를 설치했다. 특히 건물의 중층부에는 루버의 깊이를 조절하는 방법을 이용해 인상주의 화가 Vincent van Gogh의 회화 'The Starry Night'를 패턴의 느낌으로 재구성했다. 멀리서 건물을 바라보면 이미지가 드러나도록 제작한 것이다.

이러한 입체적인 입면 디자인은 안과 밖에서 빛이 움직이는 시간과 사람이 보는 위치에 따라 건물이 변화하는 다채로운 이미지를 만들어낸다.

Sketch

Site area 330.60m² **Building area** 167.33m² **Total floor area** 728.68m² **Building scope** 6F **Structure** R.C. structure **Exterior finishing** Stuco, Nt panel **Interior finishing** Exposed concrete, Painting **Design period** 2016. 3 - 9 **Construction period** 2016. 9 - 2017. 6 **Principal architect** Find Architects(Yoon Jumi, Park Kiho, Go Taeyoung, Na Hyoshin) **Construction** SAMYANG construction Co., Ltd **Photographer** Lee Namsun, Find Architect

The site of this project is facing a road being made along the river, Haguicheon Stream at Anyang. As the site is facing the river to the south, the building has a full natural light inside, a great view toward the river, and a conspicuous location. The building has been planned that the lower part was supposed to be rent, and most parts were expected to be used for the office rooms of the client's company. As the primary reason of the project is using as an office space, the client wanted the building to have an impressive design at the beginning of the project. Through the discussion about the design between the client and the architect, the client wanted that the building became the first building guiding a romantic atmosphere at near Haguicheon Stream including a beautiful trail, and the facade of the building had a great impression related to surrounding contexts.

In the 6 story building, the first and the second floors are for rent, the third, the fourth, and the fifth floors are for the client's manufacturing business, and the sixth floor is for the office area for the client. The mass of the building is separated into three different masses based on the purposes. Several combination among small masses are responsive to the surrounding scale and also make different images according to perspectives from the access road. At this time, the core of the building plays a structural role of fixing the three masses having different directionalities.

The elevation design motif was from the neighboring natural environment. Haguicheon Stream is an urban river flowing across the city, Anyang, separated from Anyangcheon Stream. The river is an urban resting area with full of plants and trees, which is good for trailing, enough to be selected as one of 100 beautiful rivers in South Korea and one of 100 beautiful trails in South Korea. At the beginning of the design, May and June, there were full of plants, trees, water waves, and shadows of leaves in the sunlight. It reminded us a brush touch of impressionists who wanted to include natural light in his or her painting. We wished the building to have a space for enjoying diverse shadows like brush-touch of an artist and to have a surface preventing direct rays of the sun. Also, we wanted the surface to be able to deliver entertaining visual messages or images, not random patterns or explicit messages, to pedestrians. Therefore, we selected a high strength compressed panel that has a great durability and is easy to precess as a finishing material, and vertical louvers were set along the south side. Particularly, controlling the depth of the louvers at the middle floors of the building regenerated the feeling of pattern at 'The Starry Night' by the impressionist Vincent van Gogh. The image was created to be seen if someone looks at this from far away. This multi-dimensional building elevation design generates various images of the building being changed based on the time of moving light and the perspective of people inside and outside.

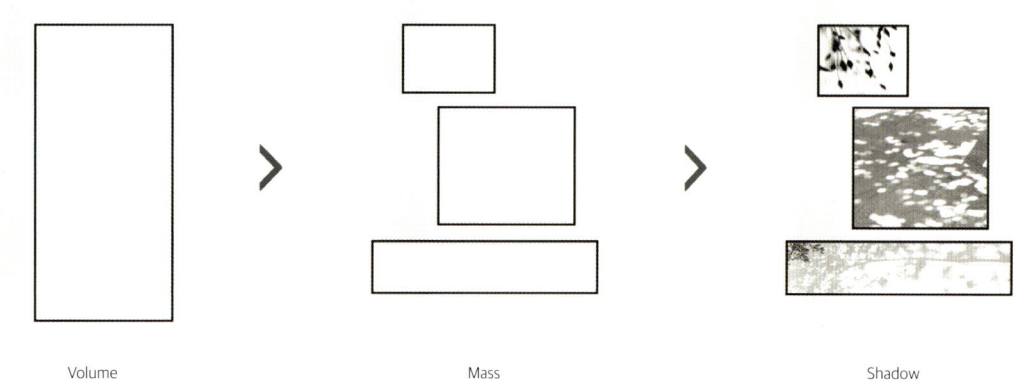

Volume   Mass   Shadow

Roof Structure Diagram

1   OFFICE
2   MANUFACTORY
3   RETAIL

Section

45

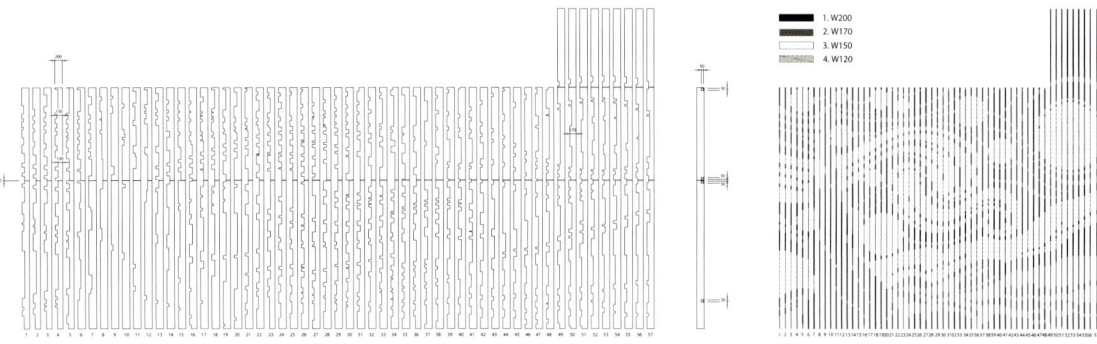

Image Louver Design

1 RETAIL
2 ENTRANCE
3 PARKING
4 HALL
5 MANUFACTORY
6 OFFICE

4th Floor Plan

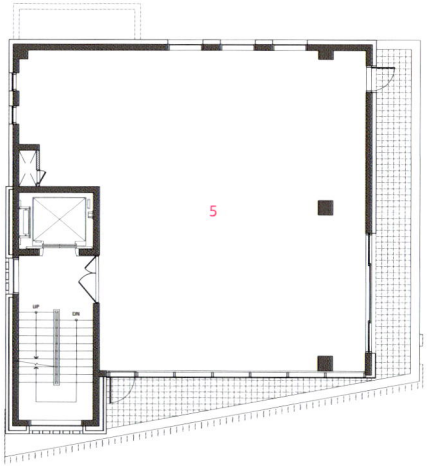

3rd Floor Plan

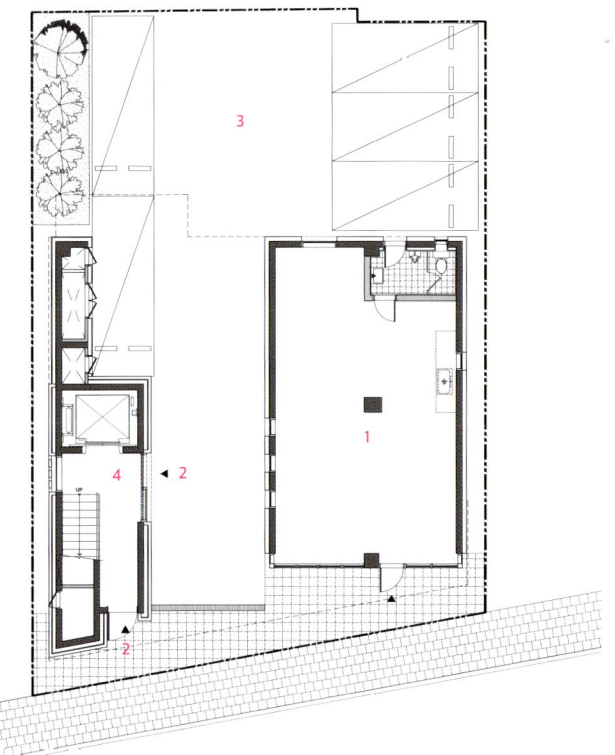

1st Floor Plan

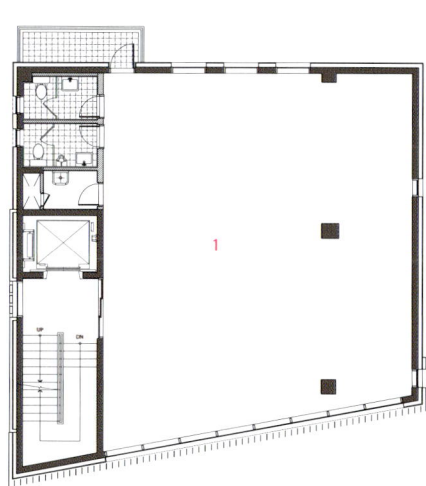

2nd Floor Plan

47

건축공방 연희동 사옥

ArchiWorkshop Seoul Office Foundation

여섯

건축공방 ArchiWorkshop

심희준, 박수정

심희준, 박수정 건축가는 2013년부터 한국에서 건축공방을 설립하여 건축, 도시, 예술, 조경, 레노베이션 등의 다양한 분야에서 활발한 활동을 보이고 있다.

대표작인 "Glamping in Korea"와 "건축! 예술을 품다"로 dezeen, ArchDaily, Designboom, Detail 및 다수 해외 매체에 소개되었으며, 레드닷디자인, 아이에프 디자인, 홍콩 DFA Awards, 독일 아이코닉 어워드, 독일문화원이 주최하는 독일디자인 어워드, 아키타이저 어워드, 디자인 포 아시아 어워드에서 연속적으로 수상하였다. 다가구 다세대 주거의 고민으로 만들어진 "화이트큐브 망우", 상업시설의 브랜드디자인 "VEGEGARDEN" 등이 2014년에 완공되었고, "중정이 있는 주상복합", "리조트 공원", "캠프통아일랜드", "주거단지 AVENUE"와 자연친화적인 단지를 실현한 가평 바위숲 글램핑 온더락(Glamping on the Rock) 및 혁신파크의 파빌리온 작업들, 다원예술 프로젝트 "삶의 환영", 한강예술공원의 "바다바람", 경기아트페스타 프로젝트 "보이는땅, 보이지 않는땅" 등의 내용으로 서울과 유럽에서의 전시를 포함한 다양한 규모의 프로젝트를 진행하고 있다.

건축공방 공동대표 심희준은 스위스 취리히 공대에서 교환학생으로 수학하고, 독일 슈트트가르트 대학을 졸업(디플로마) 하였다. 이후, 유럽의 건축설계사무실인 렌조피아노 건축사무소(Paris), 헤르조그 앤 드뫼론 건축사무소(Basel), 라쉬 앤 브라다치 건축사무소(Stuttgart)에서 실무 경험을 쌓았고, 렌조 피아노가 설계한 광화문 KT본사 사옥(East &West) 의 디자인감리 컨설팅을 맡았다. 한국예술종합학교 설계 스튜디오에 출강하였으며, 현재 서울시립대학교 건축학과 겸임교수이다.

건축공방 공동대표 박수정은 광운대학교 건축공학과를 졸업하고, 네덜란드 델프트 공대에서 에라스무스 교환학생으로 수학하였으며, 독일 슈트트가르트 대학을 졸업(디플로마)하였다. 이후, 유럽의 건축설계사무실인 베니쉬 건축사무소(Stuttgart), 메카누 건축사무소(Delft), 오이코스(Korea, Wageningen)에서 실무 경험을 쌓았고, 한국예술종합학교와 광운대학교 설계 스튜디오에 출강하였으며, 현재 서울시 공공건축가이다.

서울시 서대문구 연희로 Yeonhui-ro, Seodaemun-gu, Seoul

서울의 안산과 평행선을 이루는 연희로에 건축공방의 사옥이 지어졌다. 이 지역은 대부분이 1종 전용주거지역으로 이루어져 있어, 조용하고 편안한 주택가의 분위기가 남아 있는 곳이다. 최근 연남동 지역의 개발이 가속화되면서, 연희동도 동네의 정취를 반영한 움직임들이 일어나고 있다. 수공예 가게, 수제 커피 가게, 수제 맥주 가게, 사러가 마켓 등 프랜차이즈가 아닌 개성이 있는 동네 가게들로 이루어진 곳들은 높은 품질과 독창성으로 연희동의 문화를 만들어내고 있다.

우리는 이러한 기분 좋은 일상이 일어나는 곳에 건축공방의 새로운 일상을 열기로 하였다. 건축공방은 2013년 방배동의 한 모퉁이 장소에서 시작하였다. 1층에 위치한 15평 남짓한 3면이 개방된 공간이었다. 건축가의 작업실을 공개하여 보여주고자 했던 시도였다. 연희동에 자리 잡은 건축공방은 우리가 추구하는 일상의 건축을 만들면서 다양한 문화 활동이 이루어지는 공간으로 공유되고 있다. 이곳에서 일 년에 4번씩 정기적으로 클래식콘서트가 열리고, 건축공방이 작업하는 건축작업들을 오픈하여 전시한다.

건물은 크게 사무실과 주거의 기능을 가지는데, 1, 2, 3층은 사무실로 사용하고, 절반인 4, 5, 6층은 주거공간으로 계획되었다. 주요 사무실층인 2층은 처마와 외부 테라스가 있는 공간으로 계획되었다. 사무실이 있는 하부공간들은 땅과 연결되는 공간으로서 거친 마감재로 구상하였는데, 불규칙적인 수직선을 가지는 콘크리트 입면으로 구체화되었다. 이 입면은 전체 매스의 하부와 사선제한으로 매스가 잘리는 상부 부분에도 적용되었다.

전체적인 상부의 입면은 아노다이징 패널을 적용하였다. 하부재료와의 대비를 주면서, 간결한 창문 패턴과 함께 비현실적으로 느껴질 만큼 정리된 입면을 보여준다. 건물은 정면성, 측면성과 후면성에 있어서 하나의 무채색의 오브제와 같은 효과를 가진다. 우리는 소위 '용적률 게임'을 통해 주어진 매스의 한계 안에서 단순하고 기본적인 건축의 언어를 택하고 이를 적용했다.

복잡함을 넘어서는 단순함을 고민하고, 내부의 공간들에서도 미니멀한 라이프스타일이 가능하길 바랐다. 그런 기본을 추구하는 힘은 지속가능성을 키우는 작업이라고 생각한다. 우리가 거주하는 공간, 일하는 공간은 우리의 창의성을 이끌어내는 토대이다. 우리가 추구하는 작업은 기능과 미학의 균형을 통해 좋은 건축, 일상의 건축을 만들어가는 것이다. 우리가 말하는 일상은 많은 사람이 높은 수준의 환경을 누리는 일상이 되는 것을 의미한다. 일상이 아름다운 한국, 일상이 행복한 우리를 기대한다.

Site area 304.60m² Building area 150m² Gross floor area 756.46m² Building scope Concept-Construction Documents Building to land ratio 59.95% Floor area ratio 198.95% Design period 2016. 12-2017. 5 Construction period 2017. 8 - 2018. 7 Completion 2018. 7 Principal architect Heejun Sim, Sujeong Park Design team Sooyoung Kim, Yoomi Chae Structural engineer Kyungju Hwang (University of Seoul, Department of Architecture) Mechanical engineer Sunjin Engineering Consultant Co.,Ltd. Electrical engineer Sunjin Engineering Consultant Co.,Ltd. Construction IJAE605 (Ho-Geun Choi) Client ArchiWorkshop Photographer Jungho Jung

The ArchiWorkshop building was built on Yeonhei-ro, which is parallel to Ansan in Seoul. Most of the area is made up of type-1 residential districts, making it a quiet and comfortable residential area. With the recent acceleration in development of the Yeonnam-dong area, movements are also taking place in Yeonhui-dong is to reflect neighborhood-like atmospheres. Places made of neighborhood shops, rather than franchises, such as handicraft shops, craft coffee shops, craft beer shops, and Saruga markets (a local market brand) are creating Yeonhui-dong's culture of high quality and originality. Here, where such pleasant routines take place, we decided to open the new life of ArchiWorkshop. ArchiWorkshop was founded in 2013 in a corner place of Bangbae-dong. It was a space of about 15 pyeong (approx. 49.6m2) located on the first floor, with three open sides. This was an attempt to openly show the studio of an architect. The ArchiWorkshop, located in Yeonhui-dong, is a space where the architects create everyday architecture. It is also a shared space where diverse cultural activities take place. Here, classical concerts are held regularly four times a year, and architectural works by ArchiWorkshop are displayed for the public.

The land located in the middle of the dead end is required to secure a fire lane when a house is newly built. For this reason, a relatively large courtyard-like outdoor space was formed in the middle of the alley. The building is largely divided into office and residential. The first, second, and third floors are used as offices, and the fourth, fifth, and sixth floors are designed to be residential spaces. The second floor, which is the main office area, was planned as a space with eaves and an outside terrace. A rough material was used as a finish for the lower spaces where the offices are located, as a connection to the ground, and materialized as a concrete facade with irregular vertical lines. This elevation was also applied to the lower part of the entire mass and to the upper part where the mass was cut by the setback regulation.

An anodized panel was applied to the entire surface of the upper facade. It contrasts with the underlying material, and displays an immaculate facade with a concise window pattern. The building has the same effect in front, sides and rear, such as an achromatic object. We adopted and applied simple, basic architectural language within the limits of the mass given through the so-called "floor area ratio game". We pondered over the complexity that surpasses simplicity, and wanted a minimalist lifestyle to be possible in the interior spaces. We believe that the power to pursue such basics is work that increases sustainability. The space we live in and the space we work in are the foundations for our creativity. The work we pursue is to create good, everyday architecture through the balance of function and aesthetics. The 'everyday' we speak of means the daily life in which many people can enjoy a high-quality environment. We look forward to Korea where everyday life is beautiful, and daily lives are filled with happiness.

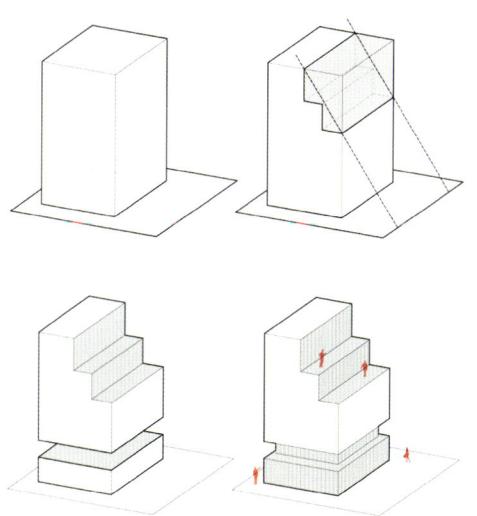

Modeling Diagram

```
     0   2    5m
```

1 OFFICE ENTRANCE	6 ELEVATOR	11 STUDY ROOM
2 STORAGE	7 OFFICE	12 TEA ROOM
3 WORKROOM	8 OPERATING	13 BOILER ROOM
4 BALCONY	9 TERRACE	
5 PARKING	10 BED ROOM	

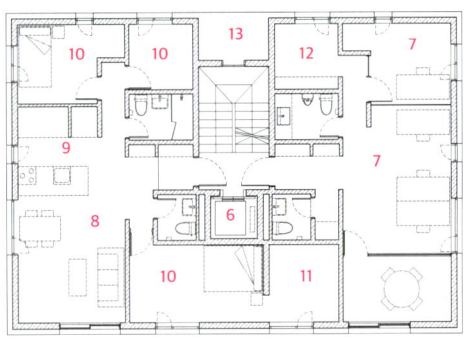

3rd Floor Plan

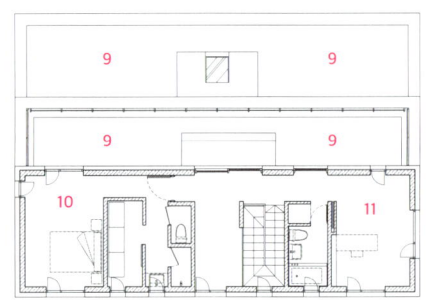

6th Floor Plan

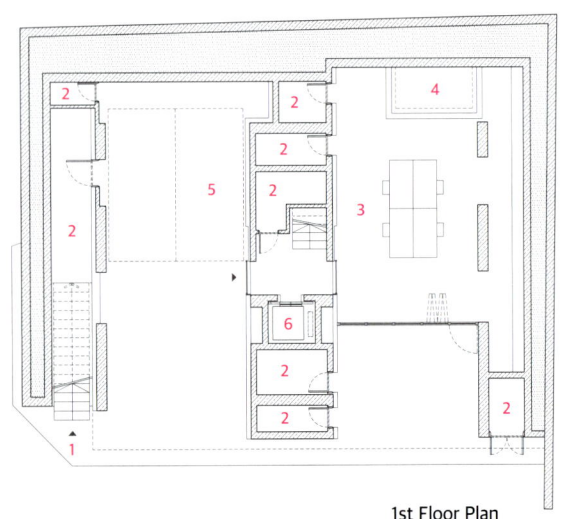

1st Floor Plan

2nd Floor Plan

목동 야신메디칼 사옥 Yushin Medical

입면

김경희

김경희는 홍익대학교 건축학과를 졸업 후 조성룡도시건축에서 8년간 실무를 익혔다. 2004년부터 이응락과 함께 건축사사무소 모도건축을 설립하고 일상으로 스며드는 건축 작업을 수행하고 있다. 주요 작업으로는 동숭동 카페 모 베터 블루스(서울시건축상, 대한민국신인건축사대상), 테라리움 (안양시/경기도건축문화상)과 평창동주택1~5, 진 집(대구 범어동 단독주택, 한국건축문화대상, 대구시건축상), 신당동 테라스하우스 율담 등이 있다.

이응락

이응락은 동아대학교 건축공학과를 졸업 후 (주)한메건축사사무소에서 실무를 익혔다. 2004년부터 김경희와 함께 건축사사무소 모도건축을 설립하고 일상으로 스며드는 건축 작업을 수행하고 있다. 주요 작업으로는 동숭동 카페 모 베터 블루스(서울시 건축상, 대한민국신인건축사대상), 테라리움 (안양시/경기도 건축문화상)과 평창동주택1~5, 진 집(대구 범어동 단독주택,한국건축문화대상, 대구시건축상), 신당동 테라스하우스 율담 등이 있다.

휴식이 필요한 순간

대지는 용왕산과 근린공원으로 둘러싸인 곳에 3면이 도로에 면하여 있는 삼각형으로 이루어져 있다. 동쪽으로는 한강과 북한산을 바라보며, 남쪽으로 야트막한 산이 자리하는 곳에 의료기구 제조회사의 사옥을 계획한다. 건물의 기능중 중요한 부분은 멸균제품인 의료기구를 안전하게 보관하는 창고를 마련하는 것이다. 전면과 후면 도로의 높이차가 3m인 점을 이용하여 효율적인 층수를 계획한다.

전면도로에서 지하1층으로 진입하는 주출입구가 면하도록 하고, 대지면적을 최대한 활용하여 지하 2층에 창고를 설치한다. 사옥의 주요 업무를 수행하는 곳은 지상 1층이며, 2층 또한 중요한 제품의 창고와 의료기구를 제조하는 소규모 공장이 배치된다. 지상 3층은 스타트업 창업 공간이 되고 4층에 대표이사실이 위치한다.

주변을 둘러싸고 있는 풍경을 실내외로 끌어들이는 것이 계획의 초점이 되어 전망과 채광이 좋은 남측과 동측으로 커다란 창과 테라스를 계획한다. 일상적인 업무 속에서도 주변을 돌아보며 휴식을 취할 수 있는 여유가 이곳에서 생기기를 바란다.

Elevation

Site area 292.7m² Building area 164.71m² Gross floor area 826.13m² Building scope B2, 4F Height 17.90m Building to land ratio 56.27% Floor area ratio 149.70% Design period 2017.7 - 11 Construction period 2018. 3 - 11 Completion 2018. 11 Principal architect Kyunghee Kim, Eungrak Lee Project architect Kyunghee Kim, Eungrak Lee Design team Kyunghee Kim, Eungrak Lee, Solmoe Lee Structural engineer Power structure & engineering Mechanical engineer Hana engineering Electrical engineer Hana engineering Construction City Construction Co. Client Yushin Medical & Trading Co., Ltd. Photographer Jaekyeong Kim

Moments when you need to relax

The site of the "Mokdong Yusin Medical Building" is within sight of Yongwang Mountain and a neighborhood Park, and it is composed of triangles with three sides facing the road. To the east we can see the Han River and Bukhan Mountain, and we planned a building for a medical device manufacturing company on land with a shallow mountain in the south. An important part of the building's function is to provide a warehouse that safely stores sterile medical devices. An effective number of floors was planned by using the height difference between the front and back roads of 3 meters. It was planned to have a main entrance from the front road to the basement level. In addition, the warehouse will be installed in the second basement, making full use of the land area. The main office is located on the first floor, and the second floor is also equipped with a small factory that manufactures medical devices and warehouses important products. The third floor is an area for an entrepreneurial start-up, and the room for representatives is located on the fourth floor.

It was the focus of the plan to bring the surrounding scenery to the inside and outside of the building. So, a big window and a terrace on the south and the east sides with a good view and sunlight are planned. I wanted to be able to relax in my daily routine while looking at the surrounding beauty.

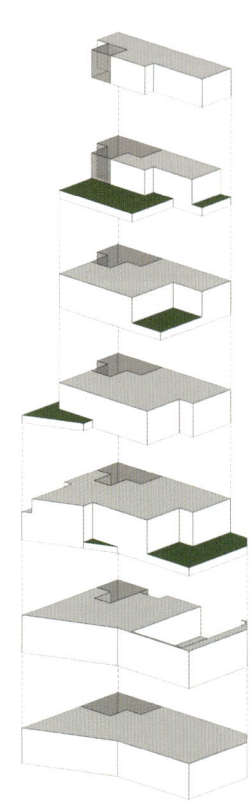

Diagram

```
0   2   5m
```

1 OFFICE   4 TERRACE
2 HALL   5 GARDEN
3 STORAGE   6 PARKING

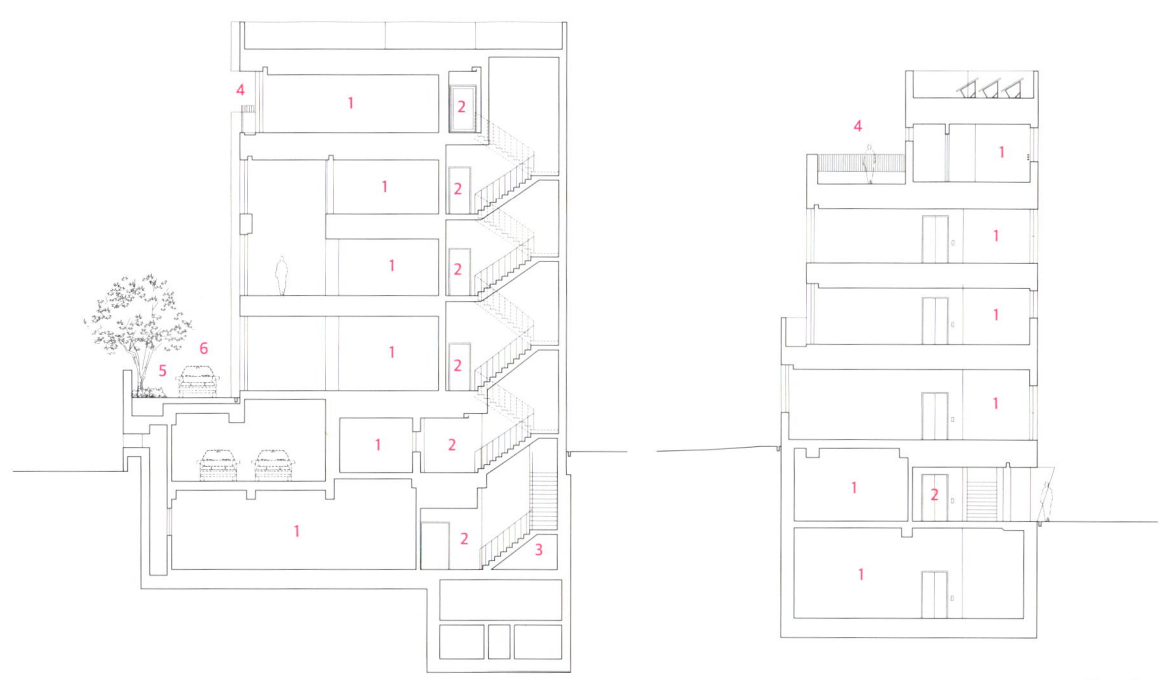

Elevation

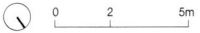

1 OFFICE
2 HALL
3 ELEVATOR
4 STORAGE
5 BOILER ROOM
6 TERRACE
7 GARDEN
8 PARKING
9 NEIGHBORHOOD FACILITY

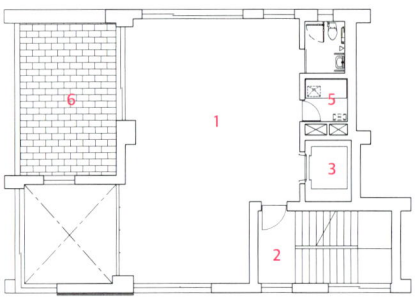

3rd Floor Plan

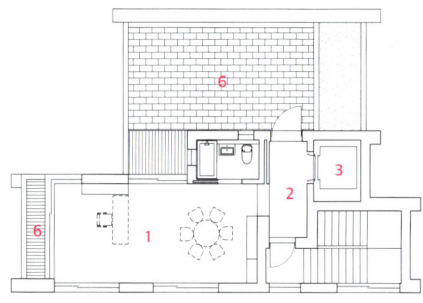

4th Floor Plan

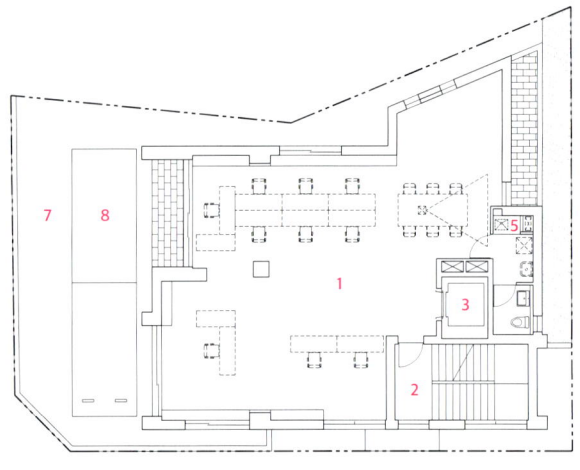

1st Floor Plan

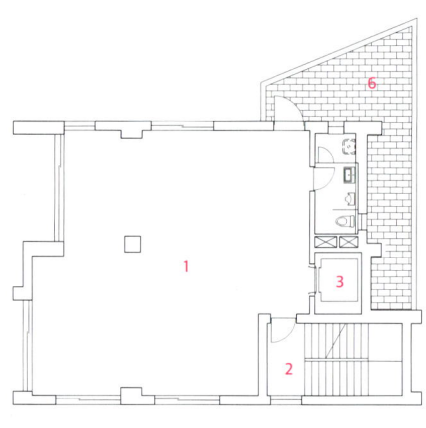

2nd Floor Plan

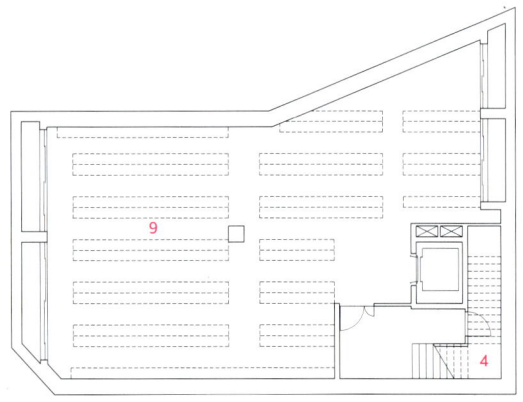

B2 Floor Plan

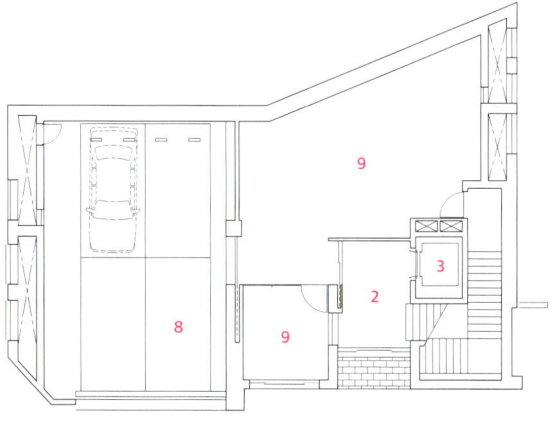

B1 Floor Plan

연남동 조르바 ZORBA 　엽편

(주)건축사사무소 모도건축 / MODO ARCHITECT OFFICE

김경희

김경희는 홍익대학교 건축학과를 졸업 후 조성룡도시건축에서 8년간 실무를 익혔다. 2004년부터 이응락과 함께 건축사사무소 모도건축을 설립하고 일상으로 스며드는 건축 작업을 수행하고 있다. 주요 작업으로는 동숭동 카페 모 베터 블루스(서울시건축상, 대한민국신인건축사대상), 테라리움(안양시/경기도건축문화상)과 평창동주택1~5, 진 집(대구 범어동 단독주택, 한국건축문화대상, 대구시건축상), 신당동 테라스하우스 율담 등이 있다.

이응락

이응락은 동아대학교 건축공학과를 졸업 후 (주)한메건축사사무소에서 실무를 익혔다. 2004년부터 김경희와 함께 건축사사무소 모도건축을 설립하고 일상으로 스며드는 건축 작업을 수행하고 있다. 주요 작업으로는 동숭동 카페 모 베터 블루스(서울시 건축상, 대한민국신인건축사대상), 테라리움(안양시/경기도 건축문화상)과 평창동주택1~5, 진 집(대구 범어동 단독주택, 한국건축문화대상, 대구시건축상), 신당동 테라스하우스 율담 등이 있다.

서울특별시 마포구 연남동 / Yeonnam-dong, Mapo-gu, Seoul

연남동 조르바의 대지는 5m 폭의 좁은 도로에 면하여 동측으로 공원을 바라보며 자리잡고 있다. 주변에는 얼마 남지 않은 단독주택과 다세대주택이 들어서 있는, 전형적인 주택가의 풍경이다. 이곳에 광고 회사의 사옥을 계획한다. 소박하고 단순한 가운데 인디 감성을 지향하는, 멋 부리기 위한 것이 아니라 진솔한 분위기의 산업적 감성을 선호한다는 것이 처음 건축주로부터 받은 요구사항이다. 고객관계, 콘텐츠의 방향성, 업무태도 및 사내 릴레이션십 등 전반에 있어서 가식적이지 않고 진솔한 향기를 품는 것을 목표로 하는 회사," 진정성 있게 소통하고, 진성성 있게 일하는 회사를 추구합니다."라며 가장 담고 싶은 감성으로 진정성을 요구한다.

지하 2층~지상 2층, 지상 5층의 5개 층을 광고회사에서 사용하고, 3, 4층은 임대를 목적으로 하는 공간이다. 광고회사이므로 크리에이티브한 업무를 많이 하지 않을까, 라는 기대와 달리 고객의 무리하고 황당한 요구에 늘 친절하고 성실하게 응대를 해야 하는 것이 일상인 전형적인' 감정 노동'이 회사 업무의 성격인 이유로 한편으로는 상처를 치유하는 힐링이, 한편으로는 극복해내고자 하는 근성이 필요한 작업을 하는 사람들. 이들을 위해 각 업무 공간마다 휴식을 취할 수 있는 공간과 외부공간을 만드는 것이 목표가 된다. 지하 2층과 지상 1층의 스탠드형 좌석과 함께 배치한 높이차가 있는 공간은 휴식을 고려한 구성이다. 각 층의 테라스는 비가 오면 비가 오는 대로, 눈이 오면 눈이 쌓이는 대로, 별이 빛나는 밤을 볼 수 있는 휴식공간이 된다. 5층의 지붕 덮인 테라스 너머로 보이는 아담한 성미산의 풍경은 마음의 안식처가 될 수도 있다.

저 멀리 보이는 북한산과 남산, 도봉산 자락을 보며 힐링을 하게 될지도 모를 일이다. 회사이지만 집처럼 아늑하게 휴식을 취하며 일할 수 있다면, 이곳은 마음이 머무는 집이 되지 않을까.

Elevation

Site area 291m² **Building area** 174.41m² **Gross floor area** 848.03m² **Building scope** B2, 5F **Height** 16.67m **Building to land ratio** 59.93% **Floor area ratio** 199.80% **Design period** 2016. 10 - 2017. 2 **Construction period** 2017. 5 - 12 **Principal architect** Kyunghee Kim, Eungrak Lee **Design team** Kyunghee Kim, Eungrak Lee, Solmoe Lee **Construction** Shinhan Construction Co. **Photographer** Jaekyeong Kim

Zorba is located in Yeonnam-dong on a narrow 5m wide road toward the east, facing the park. An ordinary residential area where its surrounded by rare single houses and multiplex houses. This is where we plan an advertising company building. The first request from the client was to aim for non-mainstream feeling and be simple at the same time, and prefer a true industrial atmosphere, not just for the look. A company aims for authentic vibe throughout its customer relation, content orientation, work attitude and office relations. "We pursue a company who work and communicate with honesty." With an intention to use second basement floor to the fifth floor by the advertisement company and third and fourth floors are for lease. Unlike the expectation of an advertising agency would deal with creative works, they are to be always loyal to clients no matter how excessive and absurd their requests are, which makes 'emotional labor' the nature of the company's work. Due to this reason, it is planned to achieve resting places in every workspace and outdoor space on one side, so where one side is for people to relax and heal their minds, and another for workers who work on tasks require an overcoming spirit. The standing height seating on the second basement and first floor are considered as a structure with the height difference. The outdoor terraces on each floor are resting places where you can see the rain, snow and night full of stars. The Seongmi mountain landscape can become a healing place from the roof terrace on the fifth floor. They even might heal from just looking at the traces of Mt. Bukansan, Mr. Namsan and Mt. Dobongsan from the distance. If it were a company where we can rest and work like home, wouldn't this be a home where the heart is?

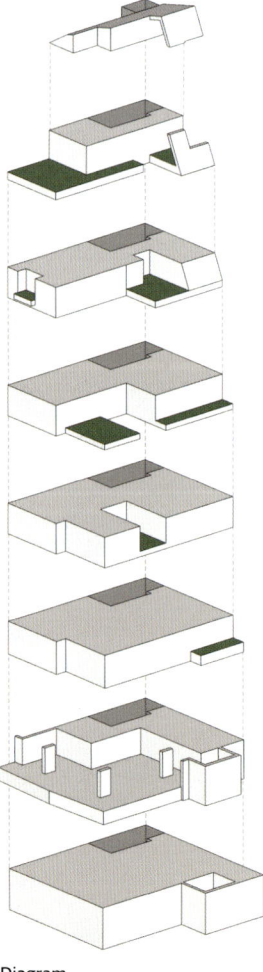

Diagram

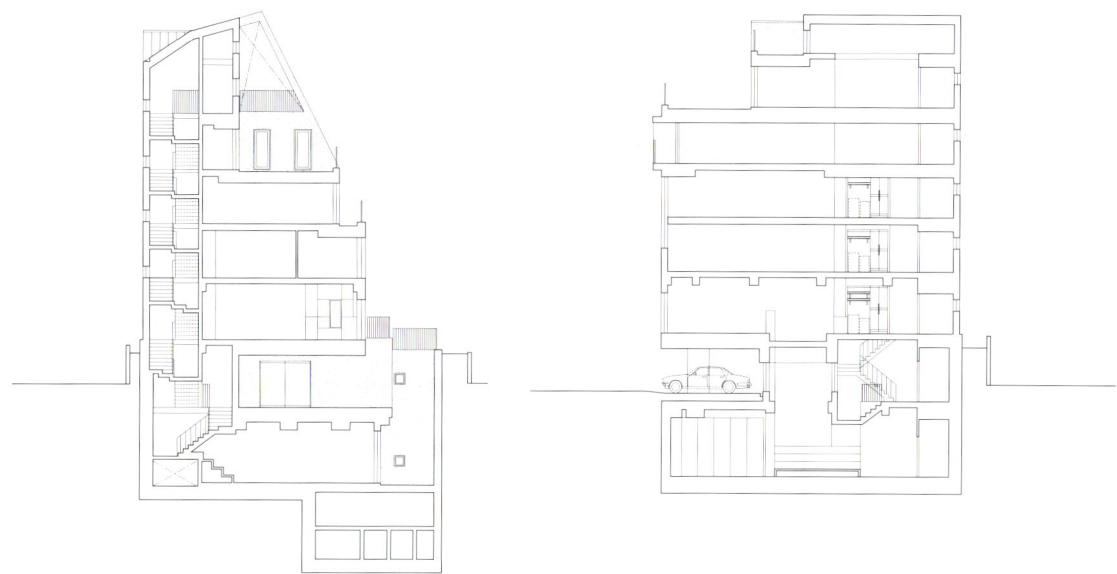

Section

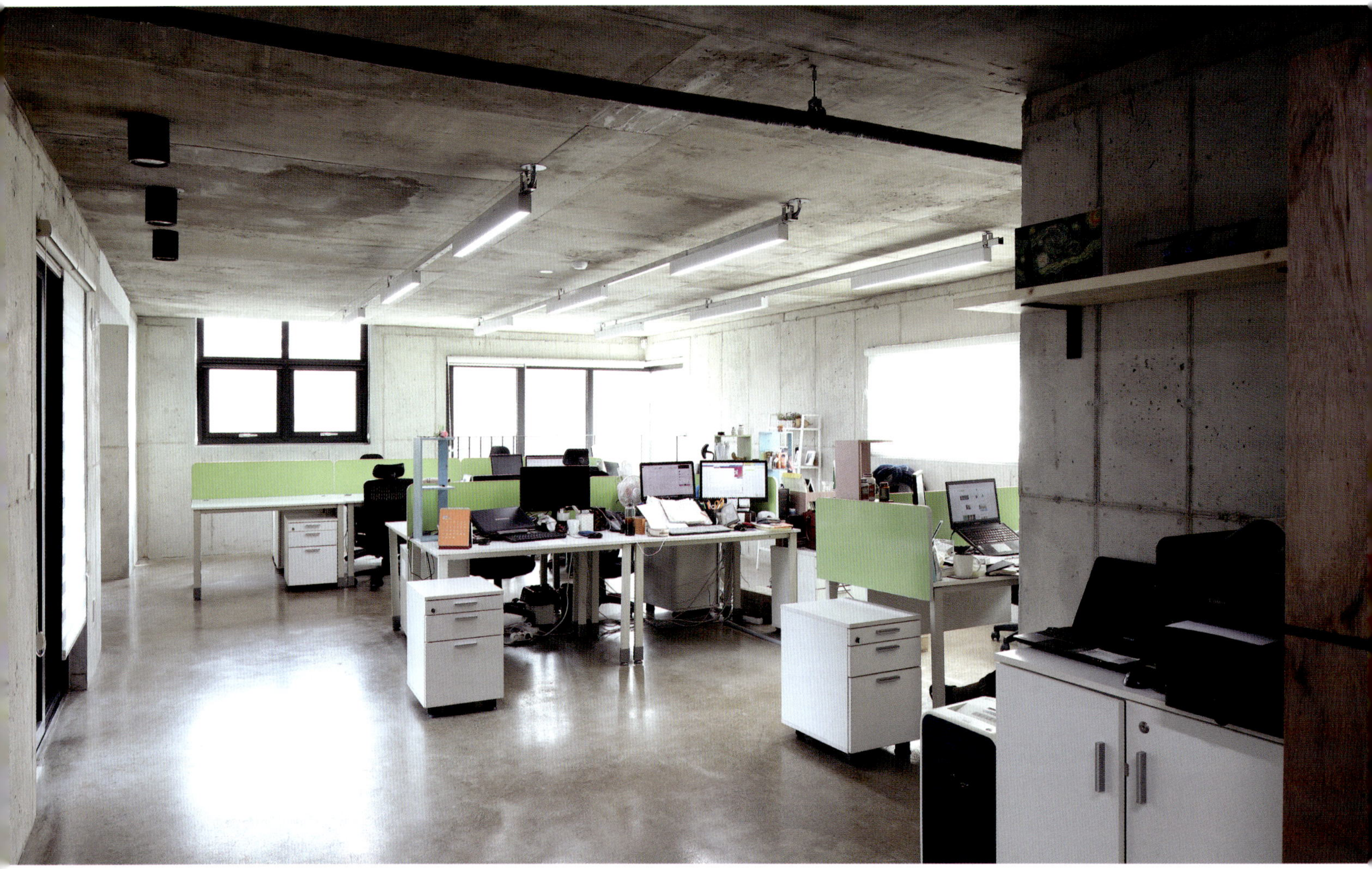

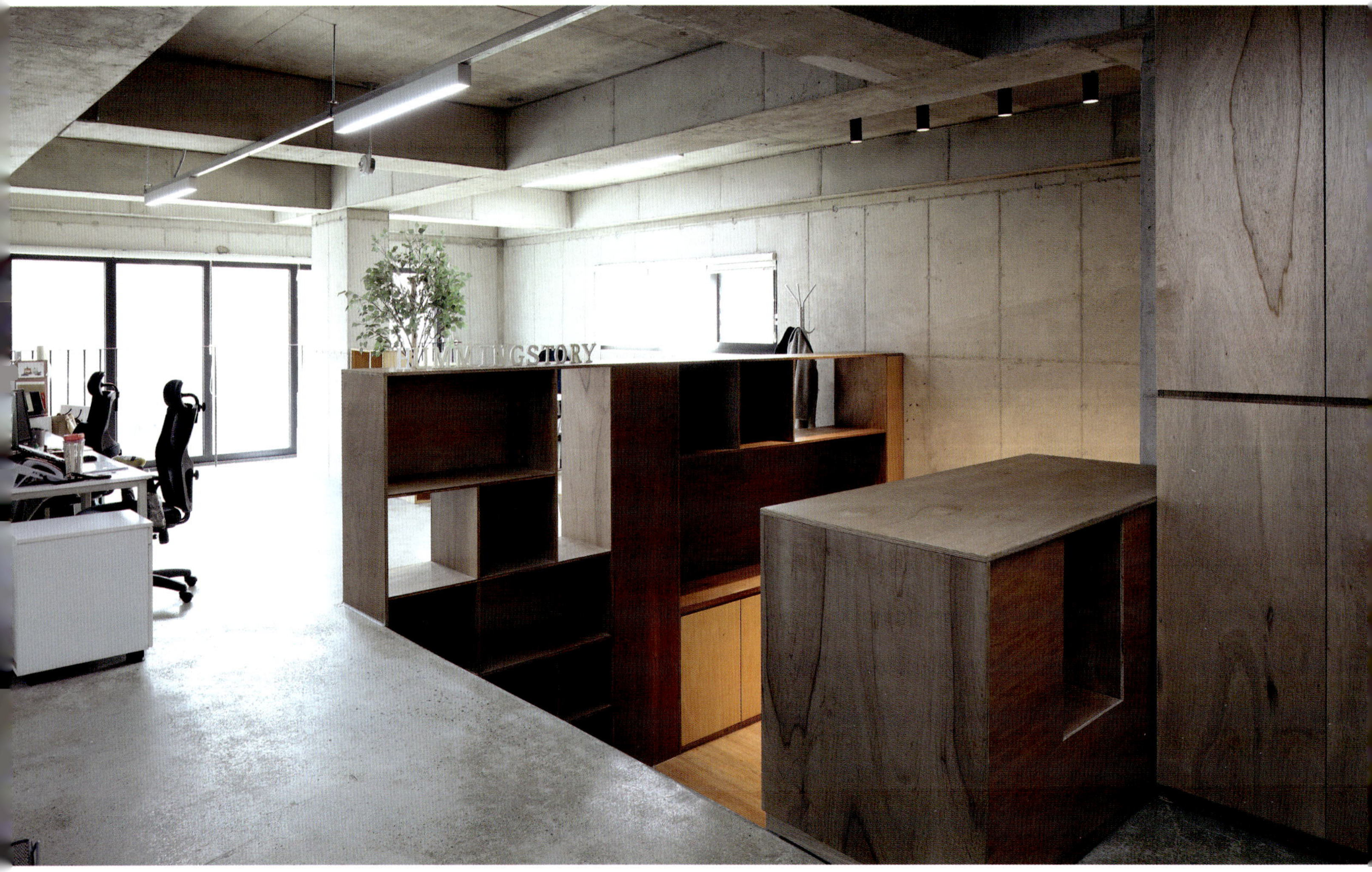

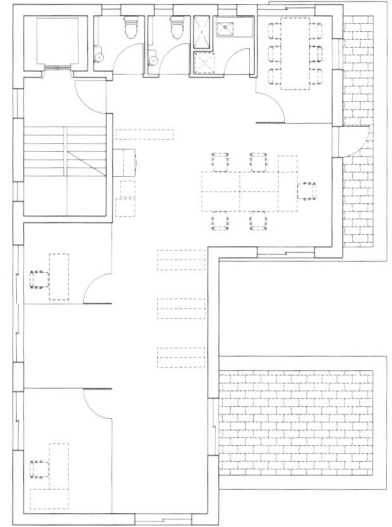

3rd Floor Plan

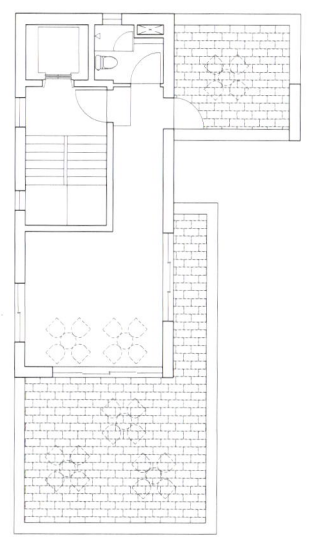

5th Floor Plan

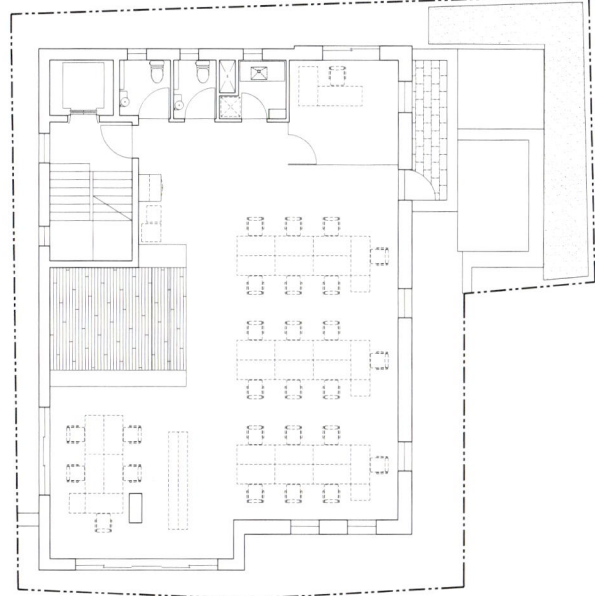

1st Floor Plan

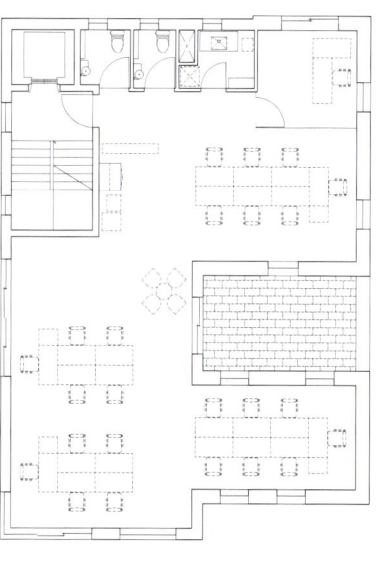

2nd Floor Plan

HPI 사옥 HPI Building

용인

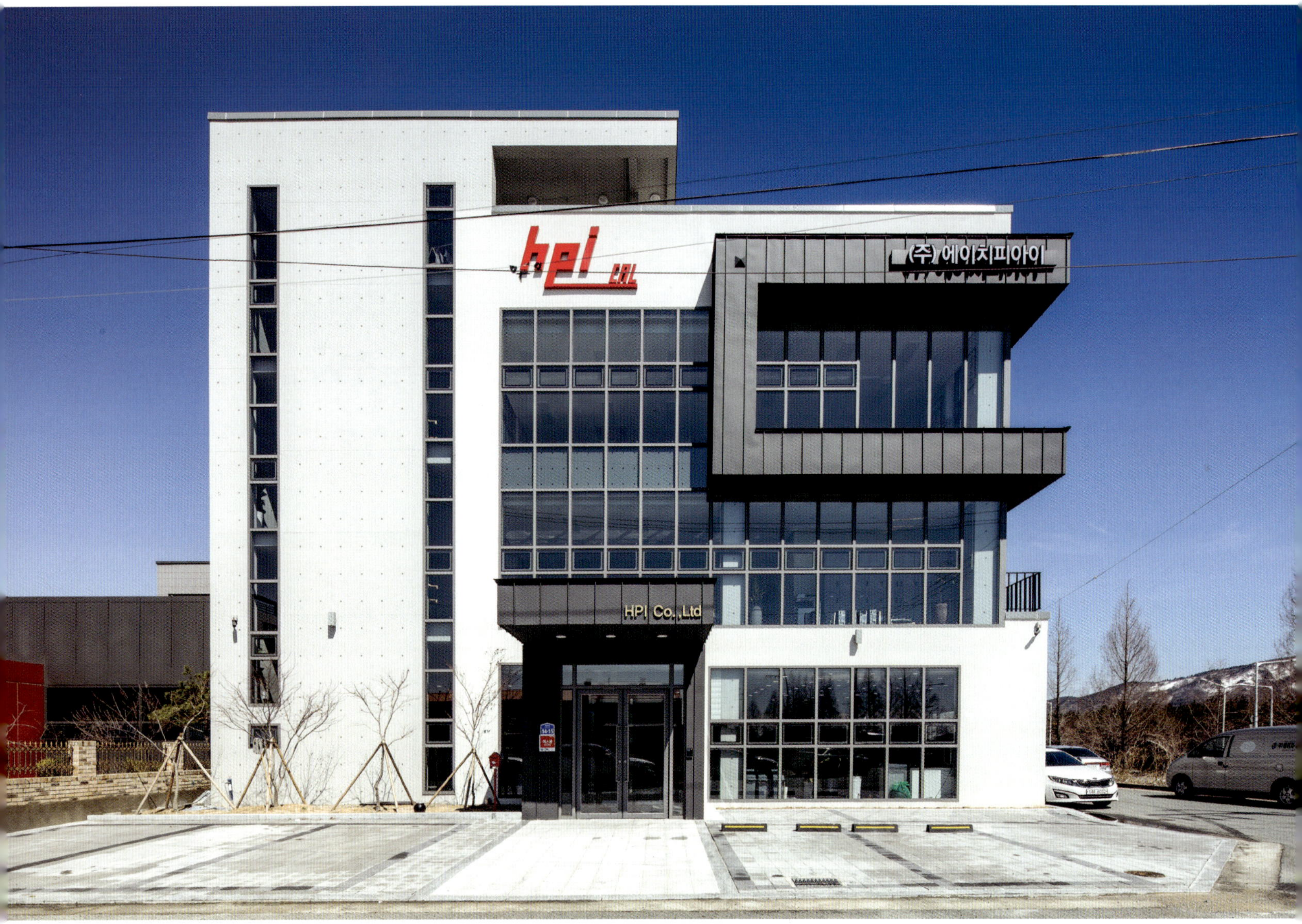
(주) 에이치피아이
HPI Co.,Ltd

(주) 에이치피아이

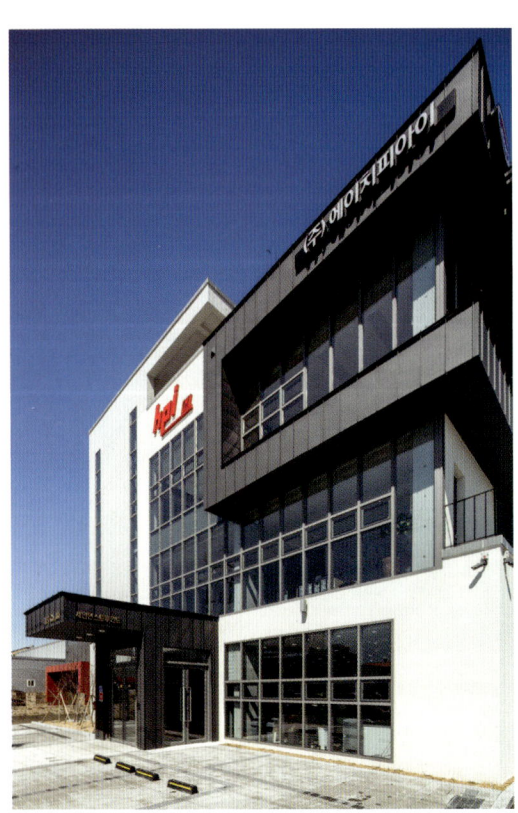

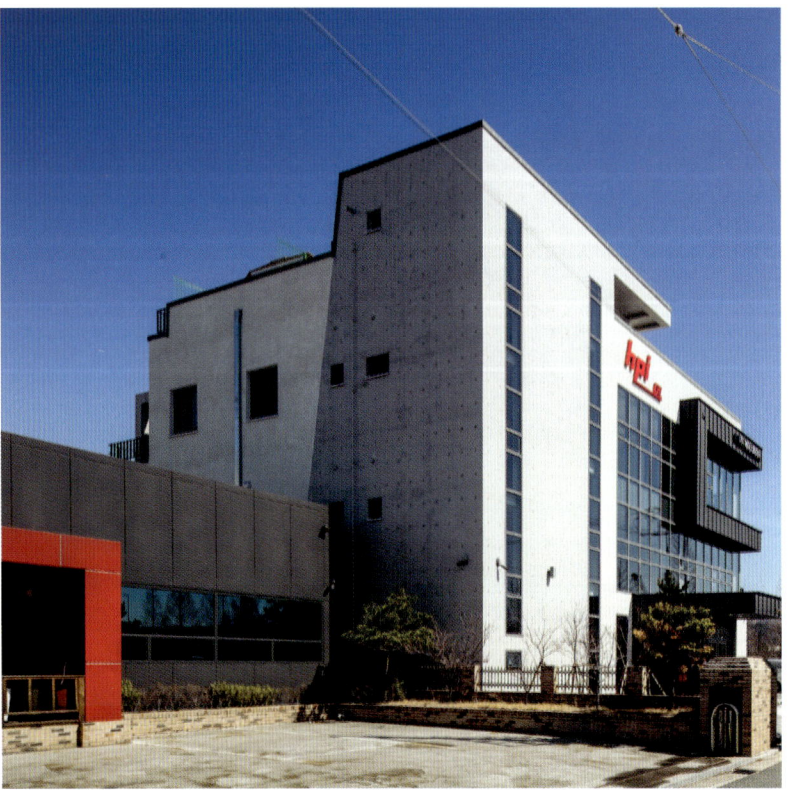

양승은

양승은 소장은 건국대학교 건축대학원을 졸업하고, (주)아키플랜 종합건축사사무소 등에서 실무를 쌓았다. 현재 피앤이 건축의 대표를 맡고 있다.

배정혜

배정혜 소장은 울산대 건축학과를 졸업하고, 고려산업개발(주) 등에서 실무를 쌓았고 피앤이 건축의 공동 대표를 맡고 있다. 맥락이 있는 합리적 건축을 지향점으로 주거건축에 집중하고 있다. 주요 작품으로는 양산시 물금읍 서들마을 주택, 부산시 광안동 상가주택, 창원시 구복리 카페 등이 있다.

HPI는 정밀기계계측을 하는 사업체로, 근처 아파트형 공장 지하 임대 공간에서 현재의 직원들과 고생하며 사업을 일구었다. 건물 구성은 박스형태에서 남측 전면에는 커튼월을 두어 커튼월에 접한 홀과 사무공간에 자연채광을 최대한 유입될 수 있도록 하고, 계측 및 교정실은 북측 후면에 배치함으로써 자연채광을 최대한 배제하였다.

3층은 같은 개념으로 중앙에 큰 홀을 두어 빛을 건물 내부 깊이까지 끌어들이며, 다목적의 행사 및 행위를 할 수 있는 밝은 공간을 만들었다. 임원실 및 다목적 회의실 또한 3층에 위치한다. 자연스러운 분위기로 일하면서 쉽게 휴식할 수 있도록 각 층 홀과 연계된 휴게공간을 두고 옥상에도 테라스를 조성하여 직원들이 휴식을 할 때에는 좀더 편안하게 즐길 수 있도록 하였다.

외부 재료계획은 스터코를 기본으로 하며 노출콘크리트 스킨과 아연도강판을 포인트로 계획하였다. 내부는 벽과 바닥을 노출콘크리트 스킨과 투명 에폭시로 마감하고 레드 컬러의 파벽돌과 민트와 옐로우 톤의 페인트로 공간의 분위기에 활기를 더했다. 간결한 형태는 포인트가 되는 마감 재료로 변화를 주었고, 커튼월과 내부의 포인트 컬러를 통해 내외부가 밝게 유지될 수 있도록 계획한 업무시설이다.

1 HALL	4 AIR HANDLING ROOM AVR	7 MECHANICAL ROOM	10 OFFICE
2 STORAGE	5 REST TERRACE	8 ROOFTOP	11 VERANDA
3 THERMO-HYGROMETER ROOM	6 EXECUTIVE ROOM	9 LOUNGE	12 PRESIDENT ROOM
			13 TOILET

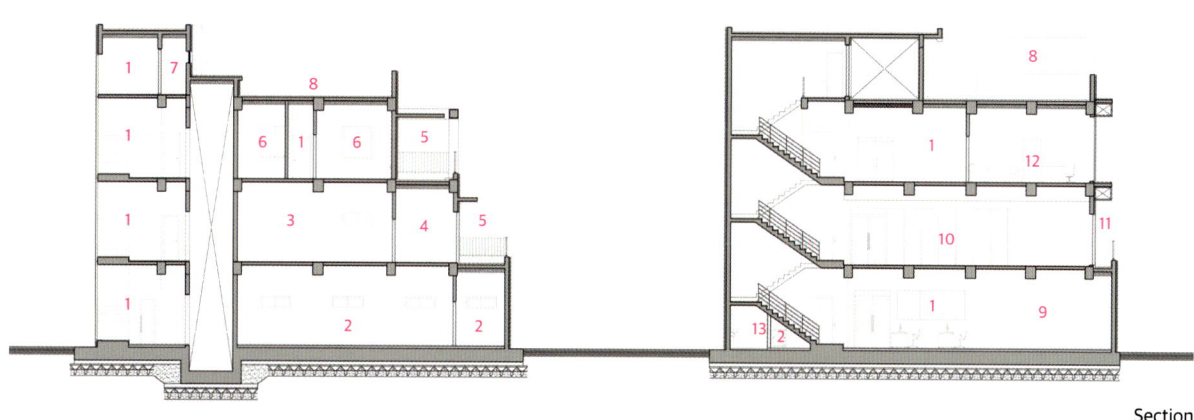

Section

Site area 571.00m² **Building area** 333.55m² **Gross floor area** 930.84m² **Building scope** 3F **Building to land ratio** 58.42% **Floor area ratio** 163.02% **Design period** 2016. 11 - 2017. 3 **Construction period** 2017. 4 - 10 **Completion** 2017. 10 **Principal architect** Seungeun Yang **Project architect** Jeonghye Bea **Design team** Minsun Yoo **Construction** Hyochang Construction Co., Ltd. **Client** Gisik Seo **Photographer** Donggyu Yoon

HPI is a company that performs precise mechanical measurement. Its current employees have worked hard in the underground space of a nearby factory to bring up the business they have today.
For the building composition, a curtain wall is placed on the south side of the box shaped building, so that maximum natural light can be introduced into the hall and the office space, and the instrumentation and calibration room is arranged on the north side, to keep out natural light.

The same concept is applied to the third floor, with a large hall in the center to draw light deep into the building, creating a bright space for various events and activities. The executive room and the multipurpose conference room are also located on the third floor. So that employees can work in a pleasant atmosphere, there is a terrace on the roof with a rest area linked to each floor, which also enables employees to fully relax during breaks.

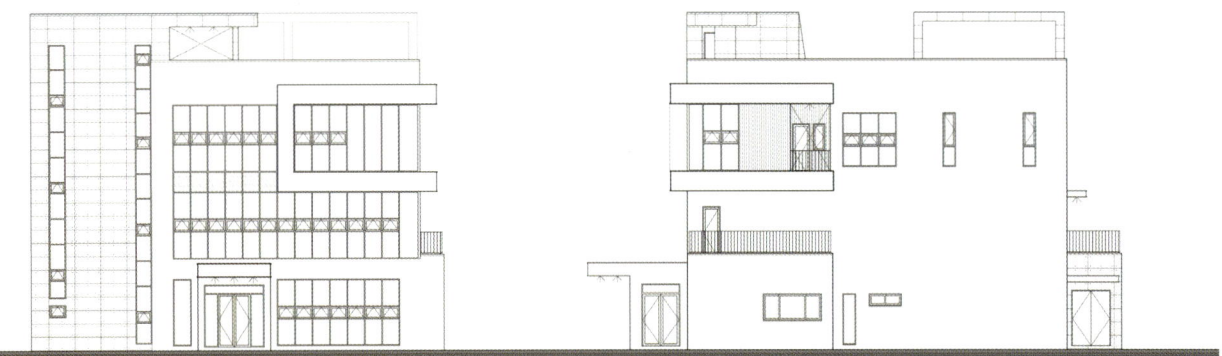

Elevation

The external material has a Stucco base, with exposed concrete skins and galvanized steel as accents. Exposed concrete skin finishes and transparent epoxy was used for the walls and floors, and red-colored brickwork together with mint and yellow-toned paint adds vitality to the space.

Variation was given to the concise form using a different material. The curtain wall and the accentuating colors of the interior and facade give the business facility a bright atmosphere.

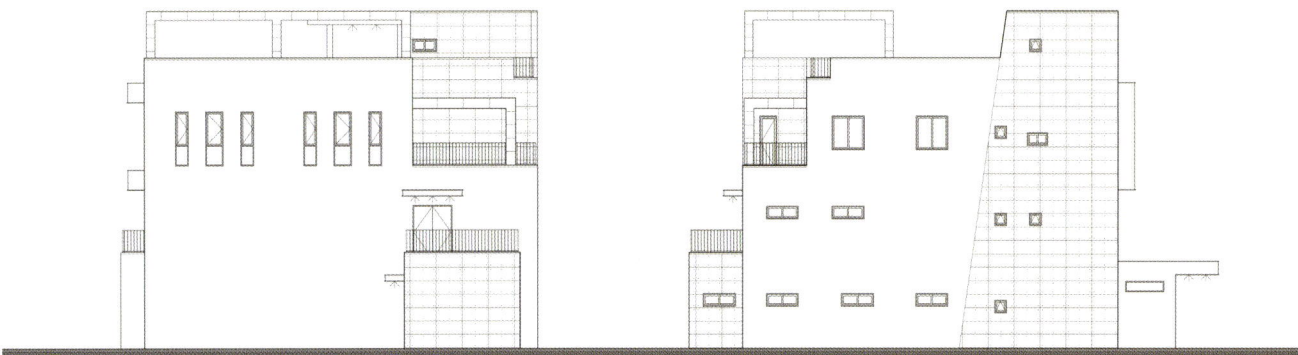

Elevation

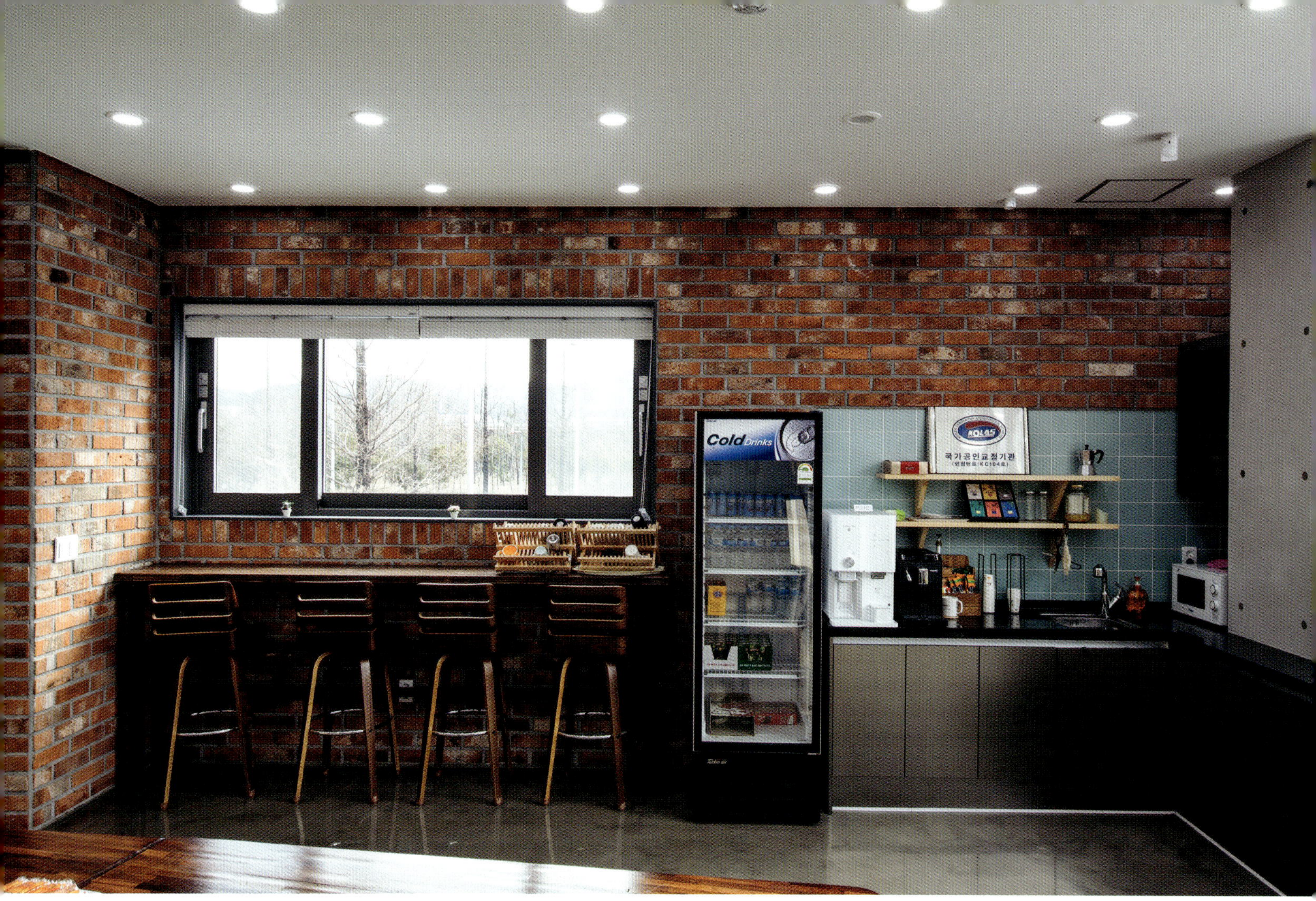
Cold Drinks
KOLAS
국가공인교정기관
(인정번호:KC104호)

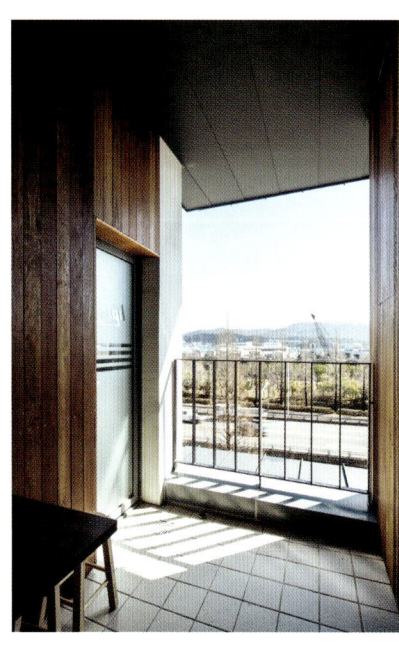

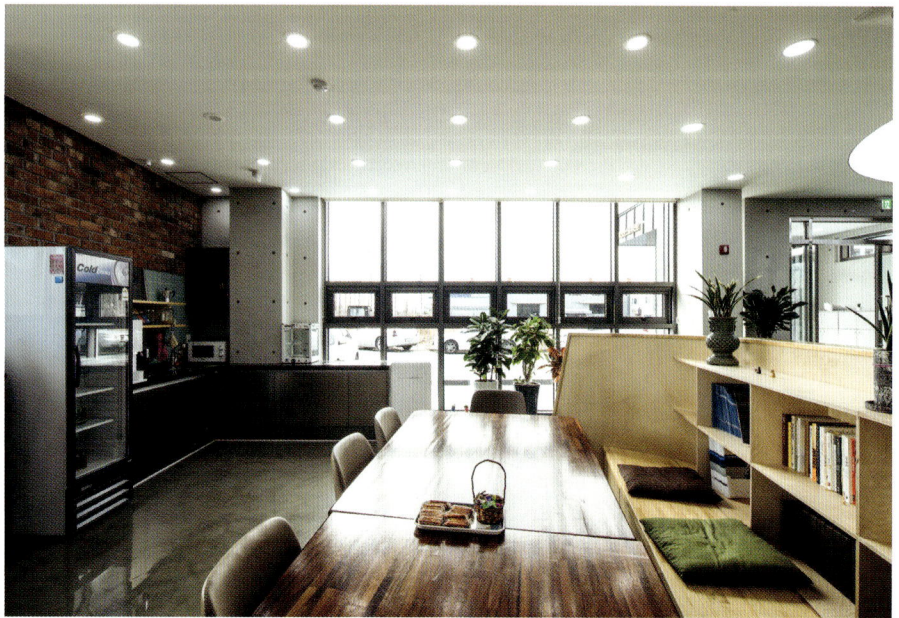

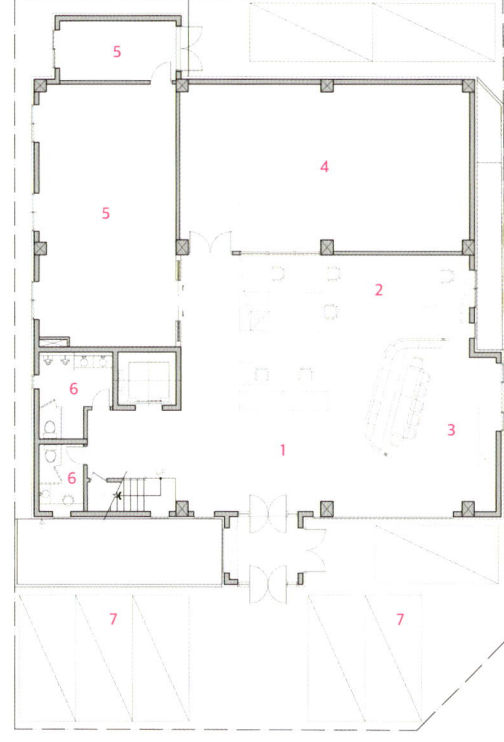

1st Floor Plan

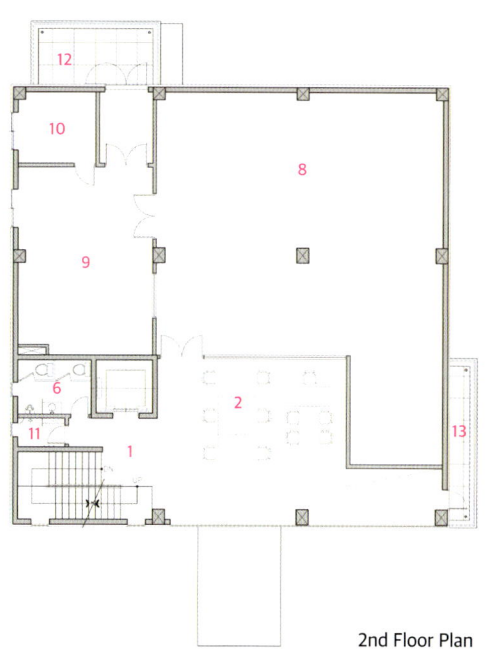

2nd Floor Plan

1   HALL
2   OFFICE
3   LOUNGE
4   LENGH CORRECTION ROOM
5   STORAGE
6   TOILET
7   PARKING
8   MAIN CORRECTION ROOM
9   THERMO-HYGROMETER ROOM
10   AIR HANDLING ROOM AVR
11   SHOWER ROOM
12   TERRACE
13   VERANDA

1 HALL	7 TEA-MAKING ROOM
2 PRESIDENT ROOM	8 TERRACE
3 EXECUTIVE ROOM	9 VERANDA
4 MEETING ROOM	10 MECHANICAL ROOM
5 LOUNGE	11 ROOFTOP
6 TOILET	

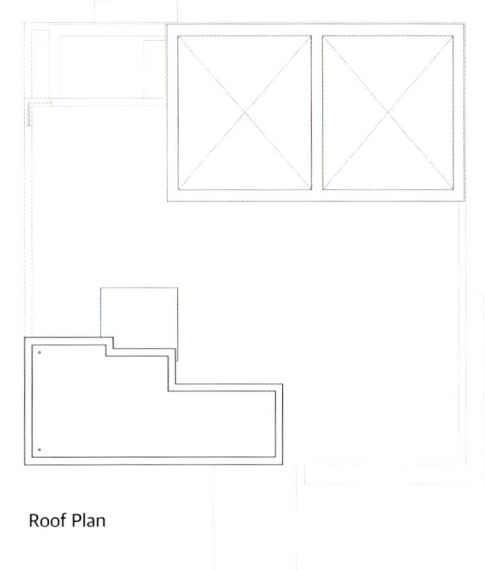

Roof Plan

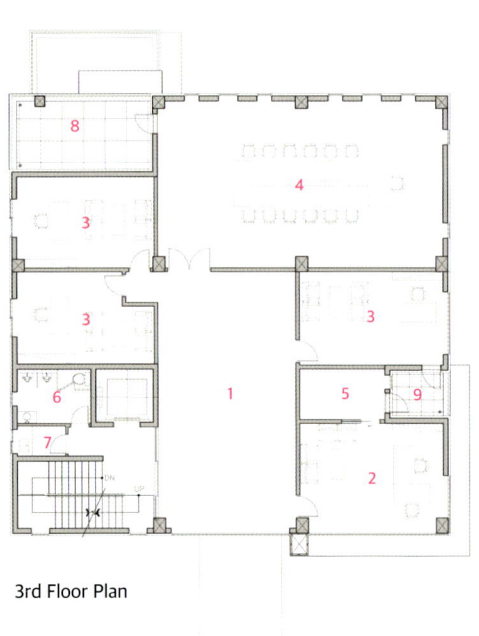

3rd Floor Plan

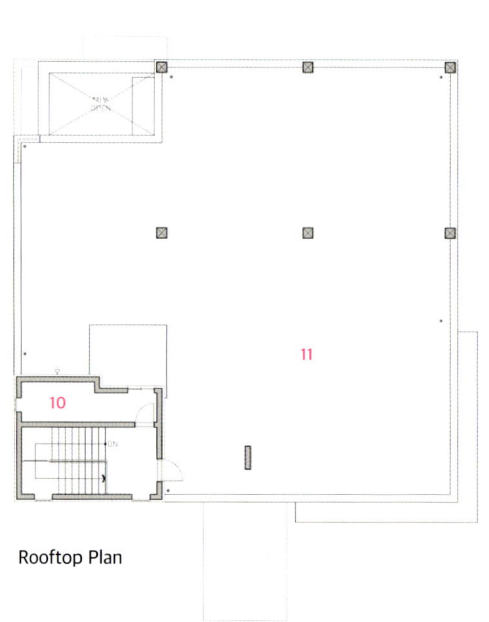

Rooftop Plan

빛가람 혁신도시 iDRS 사옥
Bitgaram Innocity iDRS Office building

영물

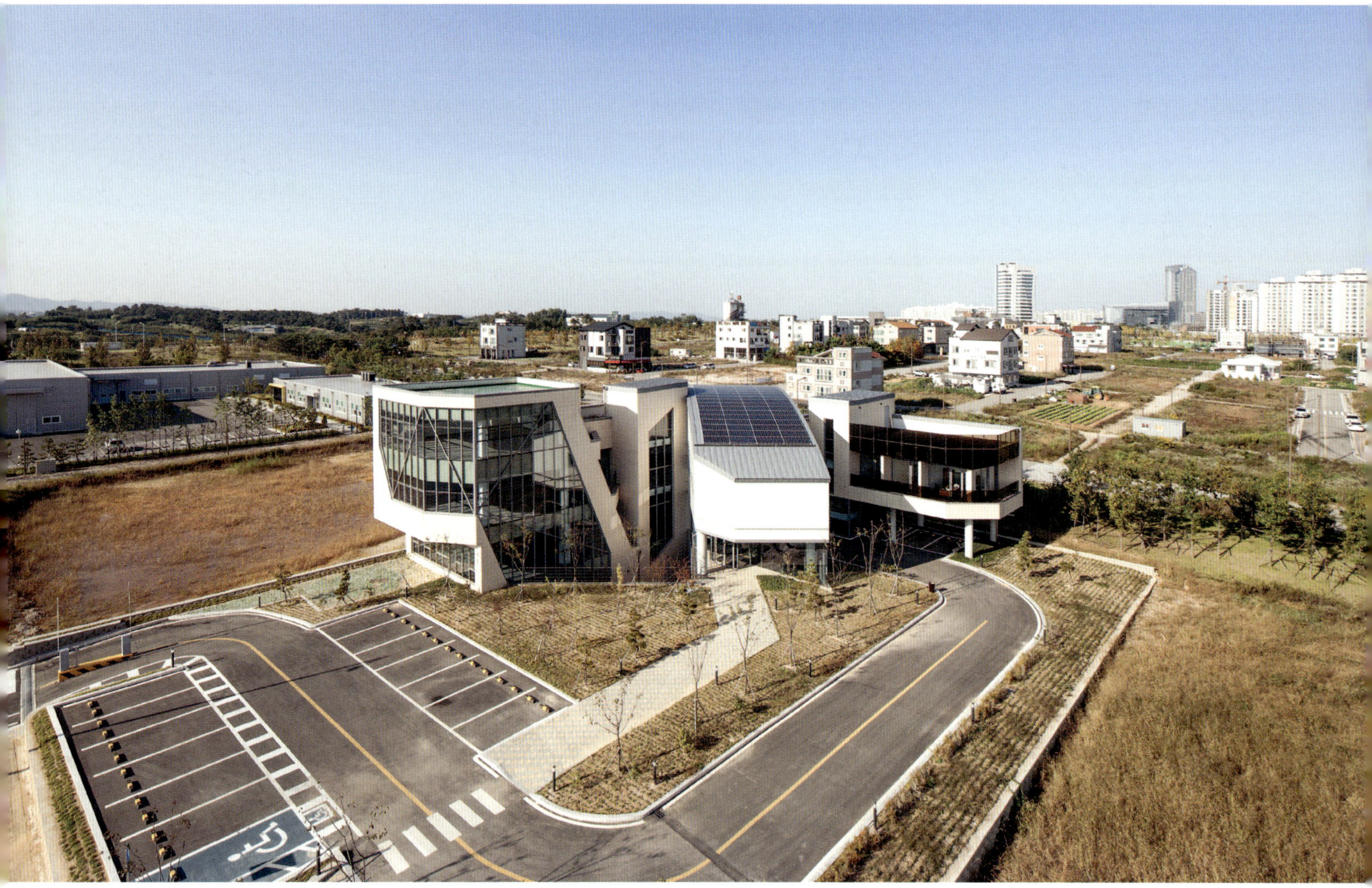

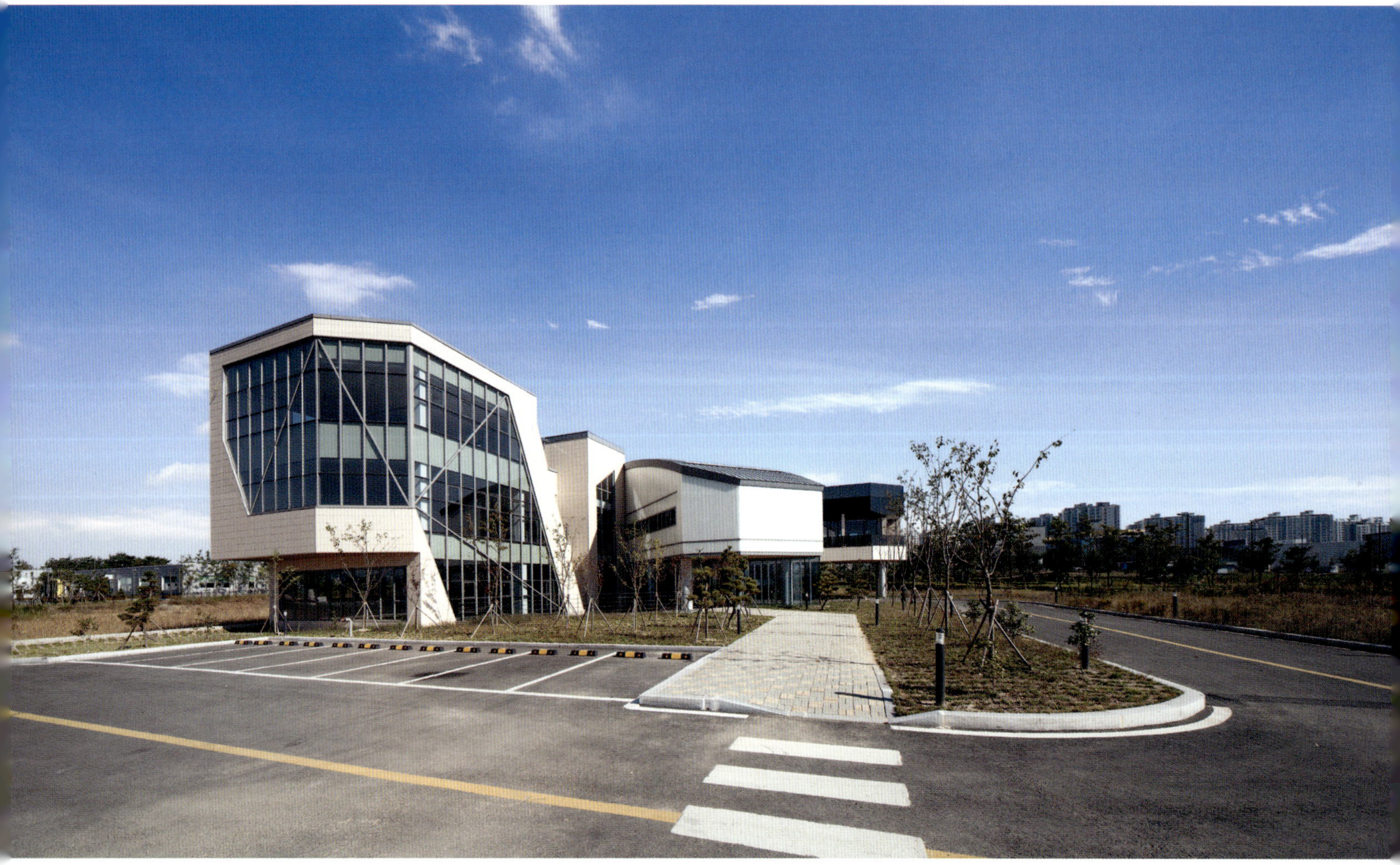

박호현

박호현은 뉴욕 프랫 인스티튜트와 컬럼비아 대학 건축전문대학원에서 건축을 전공하였고 네덜란드 건축사이다. GS 건설주택설계팀과 Studio M.Ap에서 실무를 경험하고 한양대학교 실내환경디자인 학과를 거쳐 현재 국립한밭대학교 건축학과 교수로 재직하고 있다.

김현주

김현주는 건국대학교와 런던 첼시 예술대학에서 인테리어 디자인을 전공하였고 한국실내건축가협회(KOSID) 이사로 활동하고 있다. 2012년 설립된 스노우에이드는 주거 및 상업 공간 인테리어 디자인에서부터 주택, 상업시설의 건축설계까지 다양한 작업을 하고 있다.

대상지는 빛가람 혁신도시의 남서쪽에 위치한 산학연 클러스터 용지로써 약 800평(2,651㎡)의 부지이다. 직사각형 형태의 대지는 그 축이 남북방향 축에서 50° 정도 틀어져 있고 남쪽으로 석교산 전망이 있는 지형이다. 남서쪽으로 진입도로를 접하고 북동쪽으로 완충녹지가 조성되어 배후의 상업 시설로부터 분리된 곳이다. 공간 프로그램 구성을 위해 iDRS의 업무를 파악하면서 발견한 가장 큰 특징은 24시간 전력 사용량을 확인하는 상황실이다. 상황실과 전력 수요상황을 국가 주요 관계자에게 보고하는 소규모 보고실과 대형 회의 공간이 핵심적인 프로그램이며, 직원들의 업무 공간 및 휴게 공간 그리고 CEO를 위한 공간이 구분된다.

공간 프로그램을 기능에 따라 연계하여 재구성해 보면 상황실과 회의 공간으로 구성된 관제동, 업무 공간과 휴게 공간으로 구성된 업무동, 임원들을 위한 임원동의 3개 동으로 구성된다. 3개의 매스가 상황실에서 뻗어 나가는 형태로 구성되었는데, 중심축을 이루는 관제동은 곡선형 지붕으로 덮인 대형 공간으로 이루어져 상황실, 보고실, 회의 공간이 유기적으로 연결되도록 하였고 곡선형 지붕에는 태양광 패널을 설치하여 에너지 관련 기업으로서 친환경 에너지 사용을 의도하였다. 업무동의 공간구성은 휴게 공간을 적절하게 배치하고자 했는데 업무동과 관제동 사이 공간을 선큰으로 만들어 업무동 지하에 있는 직원 운동 시설과 연계된 휴게공간을 계획하였고 관제동 로비와 상황실의 필로티 공간 역시 직원들을 위한 외부 휴게공간으로 계획하였다. 또한 업무동 3층은 직원들을 위한 카페테리아로 옥상 조경과 연계된 공간이다.

임원동은 필로티로 들어 올리고 하부에 VIP 주차 공간을 계획하고 2층에 iDRS를 이끌고 있는 두 CEO의 업무공간과 접대공간으로 구성하였다. 3개의 매스 중 가장 상징적인 매스인 관제동의 재료로는 유글라스를 사용하여 등대처럼 빛을 발산하며 24시간 전력 사용량을 모니터링하는 iDRS를 상징적으로 보여주고자 했고 징크로 마감된 지붕에는 태양광 패널을 사용하여 친환경 에너지 사용을 계획했다. 업무동은 테라코타 패널과 커튼월을 사용하였는데 사선을 활용한 커튼월로 다이나믹한 이미지를 주고자 했으며 테라코타 패널과 컬러 유리가 사용된 임원동은 옥상 데크의 난간에서 임원공간 발코니의 상부로 이어지는 브라운 컬러 커튼월로 일체적 형태를 이루도록 하였다. 내부 재료는 공간의 성격에 따라 다양하게 사용되었는데 로비와 1층 공용공간은 커튼월과 조경공간이 어우러지는 심플한 공간에 블루스톤 헤링본 패턴을 사용하여 바닥에 포인트를 주었고 유글라스의 사용으로 밝은 관제공간은 화이트 도장과 강화마루가 사용되었다. 지하 피트니스 공간은 노출 천장, 붉은 벽돌벽과 강화마루를 사용하여 업무공간과는 다른 느낌의 휴게 공간을 구성하고자 했다.

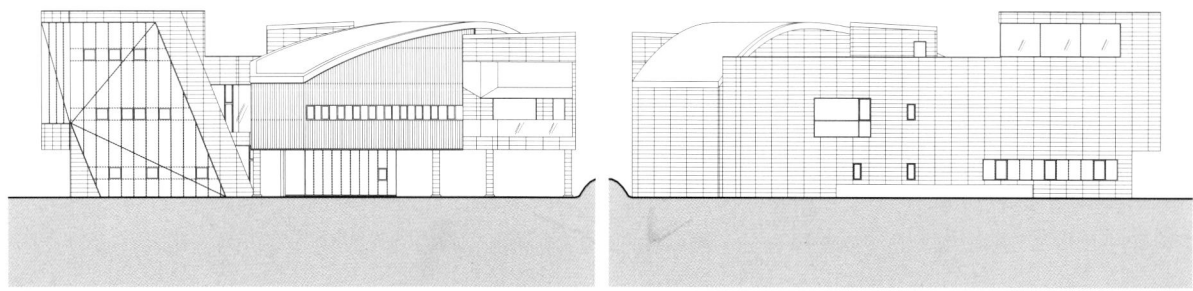

Elevation

Site area 2,651㎡ Building area 630.84㎡ Gross floor area 1,462.30㎡ Building scope B1, 3F Height 12.65m Building to land ratio 23.80% Floor area ratio 47.49% Design period 2016. 5 - 9 Construction period 2016. 10 - 2017. 11 Principal architect Hohyun Park, Hyunjoo Kim, Sangheon Lee Project architect Seunghui Han, Jiyeong Kim Photographer Jaeyoun Kim

The site is an industrial-academic-research cluster site located in the southwestern part of the Bitgaram innovation city, which is about 2,651m2. The rectangular site has a landscape with its axis twisted about 50° from the north - south axis and has a Seockgyo mountain view to the south. The site abuts onto the entrance road at the southwest and is separated from the commercial area by green buffer zone in the northeast. One of the most distinctive features of iDRS's space program is its 24-hour power usage status. Small reporting rooms and large conference spaces for reporting power demand situations to the main officials of the state is a key program, and the work space and rest space of employees are separated from the space for the CEO.

The Reconstitution of the space program in relation to the function will consist of three activities; Control cluster consist of situation room and meeting space, Work cluster consist of work space and rest space and Executive cluster for executive members. Three masses consist of a form extending from the control room. The control cluster which forms the central axis, is made up of a large space covered by a curved roof, so that the control room, the reporting room, and the meeting space are connected organically, and solar panels are installed on curved roofs to make an image of environmentally friendly firm for energy-related businesses. The work cluster consist of space for rest space properly. Therefore, plan a sunken space in between the work cluster and control cluster so that a resting space connected with employee sports facility.

Also the lobby of the control cluster and piloti of the control room were planned as an outside rest space for employees. In addition, the third floor of the work cluster is a cafeteria for employees and is a space associated with rooftop landscape. The executive cluster consisted of two CEOs' work spaces and hospitality spaces, which were lifted by piloti, planned VIP parking space at the bottom, and led iDRS on the second floor.

The most iconic mass of the three, the control cluster material, was meant to symbolically represent the iDRS which uses a lighthouse to emit light and monitors power usage 24 hours a day. And the roof, which is finished in zinc, was planned to use eco-friendly energy using solar panels. Terracotta panels and diagonal lines curtain walls were used to provide a dynamic image on the work cluster. The executive cluster with the terracotta panels and colored glass were made up of brown colored curtain walls leading from the railing of the roof deck to the upper part of the executive space balcony was formed as an integral shape. The interior material was variously used according to the character of the space. Lobby and common spaces on the first floor were pointed to the floor by using a blue stone herringbone pattern. And on the bright control space because of the u-glass were used with white paint and laminated flooring. Underground fitness

space was intended to have a different atmosphere of space than the work space by using exposed ceilings and red brick walls and the laminated flooring.

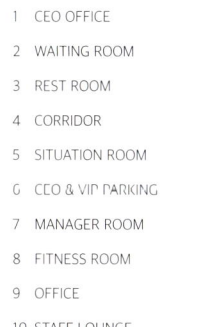

1 CEO OFFICE
2 WAITING ROOM
3 REST ROOM
4 CORRIDOR
5 SITUATION ROOM
6 CEO & VIP PARKING
7 MANAGER ROOM
8 FITNESS ROOM
9 OFFICE
10 STAFF LOUNGE
11 CONTROL ROOM

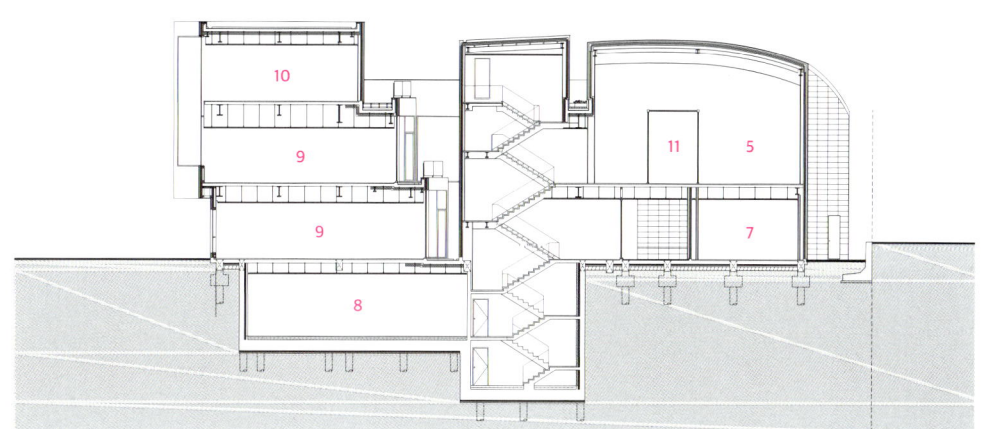

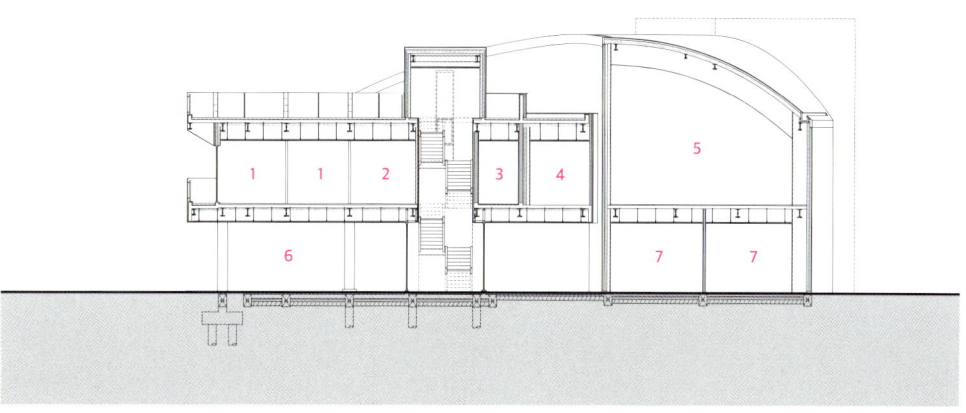

Section

1 OFFICE
2 CEO OFFICE
3 LOBBY
4 STORAGE
5 SMALL MEETING ROOM
6 SITUATION ROOM
7 CONTROL ROOM
8 LARGE CONFERENCE ROOM
9 WAITING ROOM
10 FITNESS ROOM
11 ELECTRICAL ROOM
12 NIGHT DUTY ROOM
13 MANAGER ROOM
14 SUNKEN DECK
15 OUTSIDE REST AREA
16 CEO & VIP PARKING

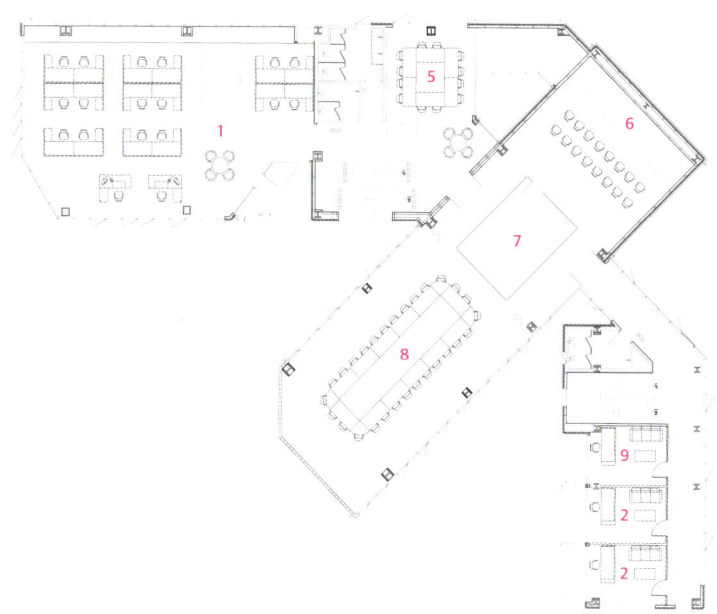

2nd Floor Plan

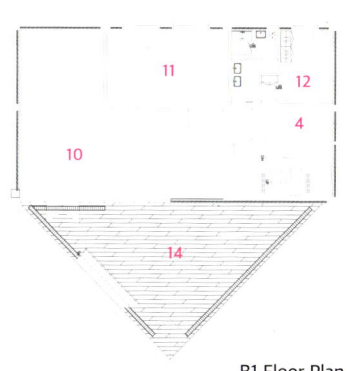

B1 Floor Plan

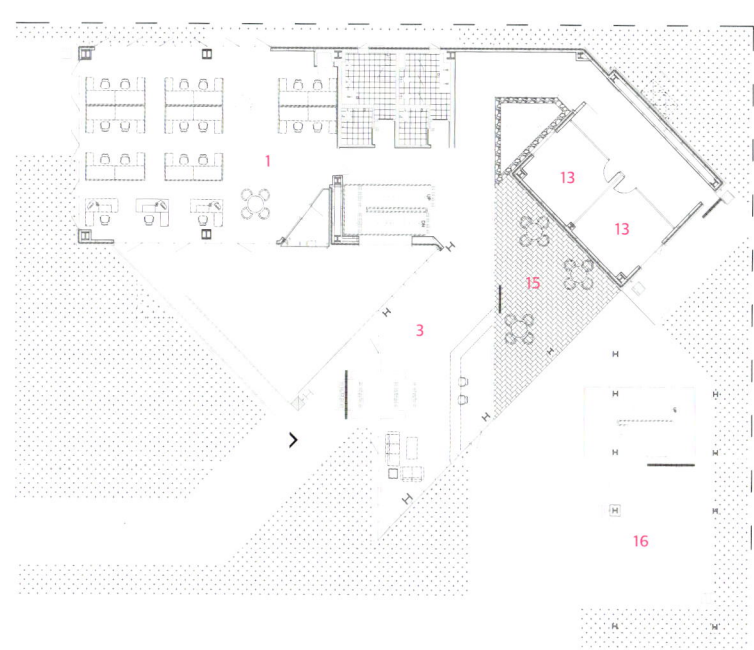

1st Floor Plan

열하나	크란츠 빌딩 KRANZ BUILDING	열여섯	청담동 트윈빌딩 Chungdam Twin Building
	㈜테라도시건축사사무소 TERRA associates architects & planners		엠엑스엠 아키텍츠 + 마로안 건축사사무소 MXM ARCHITECTS + MaroAn Architects & Associates
열둘	세코툴스코리아 오피스 리노베이션 Secotools Korea Office Renovation	열일곱	유니시티 – 카버코리아 연구소 UNICITY – CARVER KOREA LAB.
	어반소사이어티 Urbansociety		디베르카 아키텍츠 D-WERKER Architects
열셋	세듀타워 CEDU Tower	열여덟	플랜아이 신사옥 Plan-I Headquater office
	엠엑스엠 아키텍츠 + 마로안 건축사사무소 MXM ARCHITECTS + MaroAn Architects & Associates		건축사사무소 예하파트너스 YEHAPARTNERS ARCHITECTS.
열넷	이화에스엠피 신사옥 IWHA BUILDING	열아홉	유한테크노스 신사옥 YUHANTECHNOS HQ OFFICE
	지안건축사사무소 Zian Architects Planners		MMKM어소시에이츠 MMKM associates
열다섯	목천빌딩 M.C. Building		
	건축사사무소 어코드 URCODE ARCHITECTURE		

업무시설 두 번째

1,501㎡ - 3,100㎡

크란츠 빌딩 KRANZ BUILDING

다음 편

(주)테라도시건축사사무소
TERRA associates architects & planners

민범기
성균관대학교에서 건축학을, 서울대학교 환경대학원에서 도시설계를 전공하고 석사학위를 받았다. 2008년 테라도시건축사사무소를 설립, 건축과 도시의 문제를 탐색하고 설계하는 작업을 하고 있다. 현재 인천시 경관위원, 화성시 경관위원으로 활동 중이며 협성대학교 도시공학과 겸임교수, 경기도 및 수원시 도시계획위원, 인천부평구 건축위원 등을 역임하였다. '알기쉬운 도시이야기'와 '도시계획의 새로운 패러다임'의 공동 저자이고, 대표작으로는 바로건설기술사옥, 협성대 정문 및 마스터플랜, 낙동강전망대 등이 있다.

김도희
중앙대학교 건축학과를 졸업하고 프랑스 Paris-Malaquais 건축학교에서 프랑스 공인건축사자격(DPLG)을 취득하였다. 프랑스 뽀쥠박(Atelier Christian de Portzamparc) 사무소와 빌모트(Wilmotte & Associes Architectes) 한국지사에서 근무하였으며, 현재 테라도시건축사사무소의 이사로 근무하고 있다.

서울특별시 서초구 서초동
Seocho-dong, Seocho-gu, Seoul

대지는 교대역 근처의 이면도로에 있다. 상업지역과 주거지역의 경계에 위치하여 상부로 올라갈수록 넓게 트인 조망이 가능하며, 가로의 모퉁이에 위치하여 외부에서 인지도가 높은 입지이다. 임대용 업무시설의 최대 목표는 효율성과 내구성일 것이다. 이러한 목표를 유지하며 건물의 입지적 장점을 살리는 아이덴티티를 만들어내기 위한 고민 끝에 나온 아이디어가 건물의 코너부분에 변화를 주는 것이었다. 설계 의도와 시공성을 고려하여 여러 번의 디자인 수정을 거쳤고, 최종적으로 층마다 다른 각도로 모서리가 형성되도록 하여 변화를 만드는 안으로 결정했다. 주변 환경과 이질적이지 않으면서도 오가는 사람들에게 시각적으로 각인이 될 수 있지 않을까 생각한다. 사무실 거주자 시각에서도 모서리 부분에서 외부조망이 가장 좋은 위치라 바닥부터 천정까지 개방된 커튼월로 마감했다. 측면으로는 세라믹재질의 알루미늄 복합 패널과 창문이 수직으로 긴 직사각형으로 반복되는 단순한 디자인으로 주변과 조화를 이루도록 했다. 알루미늄 복합 패널은 실리콘 줄눈이 드러나는 것을 최소화 하기위해 박스형태의 단일 패널로 공장에서 제작한 후 설치했다.

최상층(10층)은 건축주를 위한 업무 공간으로 설계되었다. 엘리베이터 홀에서 문을 열고 바로 내부공간으로 진입하는 것이 아니라 외부의 버퍼공간을 거쳐 들어가도록 하여 마치 개인주택으로 진입하는 기분이 들도록 설계하였다. 진입공간에서 앞마당은 숨겨져 있으며, 내부로 들어와야 비로소 외부 마당을 볼 수 있다. 방문객에게는 일종의 '서프라이즈'가 될 것이다. 외부 마당에는 작은 화단이 조성되어 있고 가로로 세장하게 뚫린 오프닝을 통해 주변의 풍경이 파노라마 같이 펼쳐진다. 마당에서 건물 쪽을 돌아보면 검은 벽돌로 마감된 경사지붕의 아담한 건물이 보인다. 흡사 땅 위에 지어진 작은 집처럼 보이도록 하여 오피스빌딩의 숲에서 건축주만의 프라이빗한 공간을 경험하도록 하기위한 의도이다.

건물의 최상층 외관도 이를 반영해 저층부 매스와 다른 축을 이루고 있다. 모서리의 변화와 함께 건물을 상징하는 요소가 될 수 있도록 의도한 것이다. 주변과 조화를 이루는 규칙성과 적당한 변화가 이 건물 디자인의 일관된 주제이다. 건축물의 색채를 선택할 때도 이를 고려했다. 기본적으로 블랙 앤 화이트이다. 비례적으로 매스의 안정감을 주어야 하는 코어부분에는 검정색 석재를 사용하고 무채색 거리에 산뜻한 활력을 줄 수 있도록 대부분의 외피를 백색으로 마감했다. 백색은 음영을 통해 건축물의 매스변화를 잘 드러낸다. 재료 간의 미세한 두께 변화를 통해서도 입면의 입체감을 잘 표현할 수 있는 순수한 색 이기도 하다. 창호는 건물의 깊이감이 느껴지도록 색이 없는 투명 유리를 선택했다.

설계 의뢰 초기 건축주는 모든 건축주가 그러하 듯 효율적이고 내구성 있는 평범한 형태의 건축물을 원했다. 설계자로서는 약간의 변화였지만 건축주에게는 모험이었던 것 같다. 이 건축물이 우리의 작은 바람대로 골목 거리의 작은 변화와 활력으로 등장했으면 한다.

Site area 264.80㎡ Building area 157.24㎡ Gross floor area 1,515.44㎡ Building scope B1, 10F Building to land ratio 59.38% Floor area ratio 498.99% Design period 2017.1 - 4 Construction period 2017.4 - 2018.8 Completion 2018.8 Principal architect Bumkee Min Project architect Dohee Kim Design team Sooyeon Lim Structural engineer Alim Eng Mechanical engineer Gyeonggi Eng. Electrical engineer Uyeonggi Eng. Construction Sumang construction co.,LTD Photographer Changmook Kim

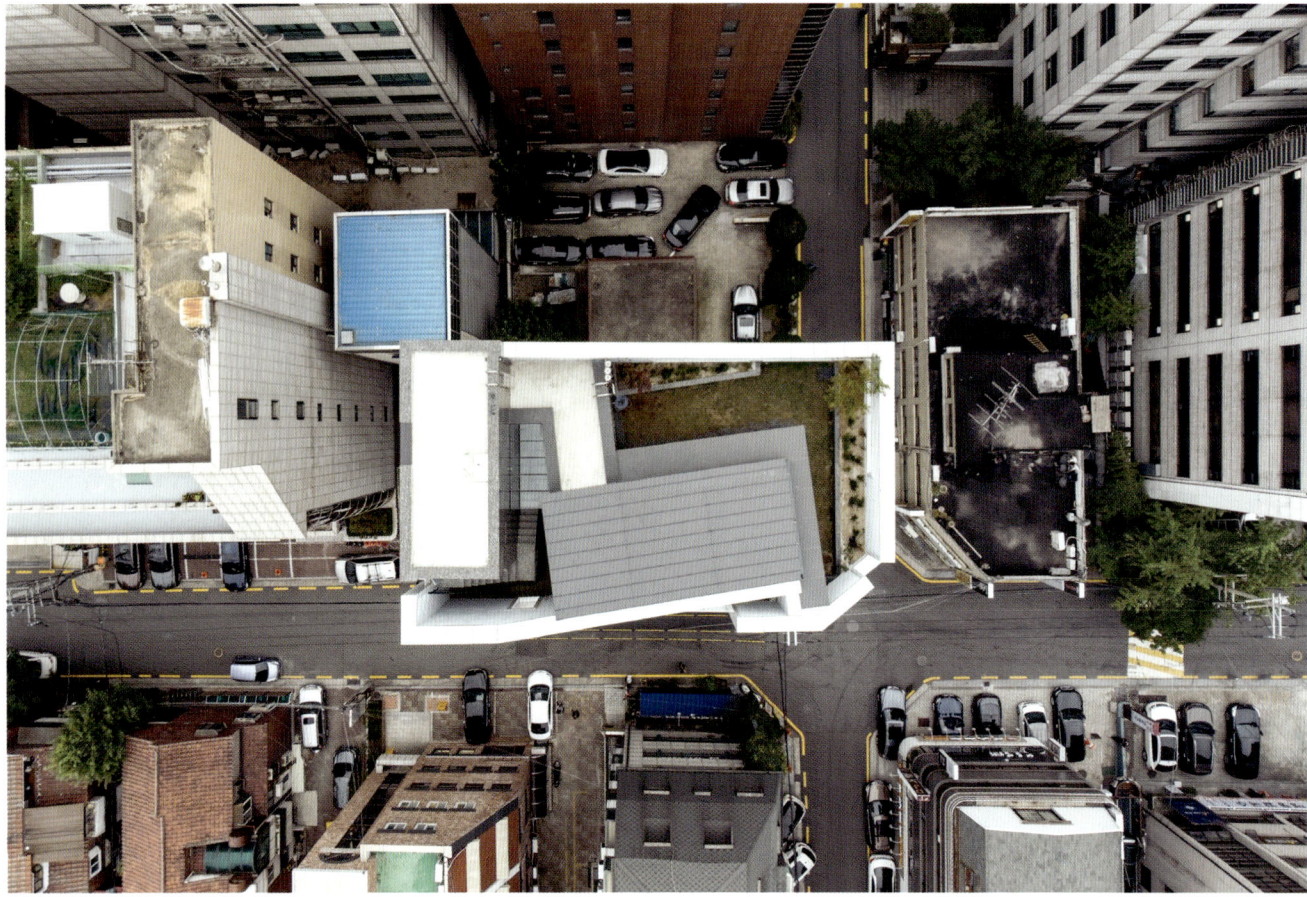

The site is located on a back road near Gyodae Station. Located on the border of commercial and residential areas, you have an open view from the top, and it is located at the corner of a street, making it easily recognizable. The ultimate goal of a business facility for lease would be efficiency and durability. The idea to fulfill this goal while creating an identity that takes advantage of the building's location, was to change the corner of the building. We made several design modifications considering the design intent and construction feasibility, and finally decided to make the corners at different angles on each level. This way, it can leave a visual impression to passerbys without sticking out in its surrounding environment. The corner of the office has the best view, so we designed an open curtain wall from floor to ceiling. We made a simple design where ceramic coated aluminum composite panels and vertically long windows are repeated to blend in with the surroundings. To minimize the exposure of the silicon joints, the aluminum composite panels are designed as box-shaped single panels, and were manufactured in a factory.

The top floor (10th) was designed as a working space for the owner. Instead of having one enter the space directly from the elevator hall, we designed it so that you go through a buffer space, which makes it seem like you are entering a private home. The front yard is hidden from the entry area, and can be seen only after entering the space. This will be a sort of 'surprise' for visitors. The outer courtyard has a small flower bed, and through the long, horizontal openings the surrounding landscape is spread out like a panorama. Looking back at the building from the yard, you can see a small, black bricked building with sloped roofs. By making it look like a small house built on the ground, the intention was for the owner to experience their own private space amidst the forest of office buildings.

The exterior of the uppermost floor also reflects this and forms a different axis from the lower floor mass. The intention here was for it, along with the changing of corners, to be a symbol of the building. Regularity and moderate changes that blend in with the surroundings are a consistent theme of this building design. This was also taken into consideration when choosing colors for the building, which are basically black and white. Black stone was used for the core area which should be a mass with proportional stability, and the greater part of the outer skin is finished in white so as to give vitality to the achromatic streets. The white does a nice job of revealing mass changes in the building. It is also a pure color that can express the three-dimensionality of the elevation through the slight thickness change between the materials. Colorless, clear glass was chosen for the windows to reveal the depth of the building.

When the owner first approached us to request a design, they, like any other client, were looking for an efficient, durable and ordinary building. As the designer, the slight changes in form were small, but probably a risk for the owner. We were able to communicate with the client who accepted the current design, and we would like to thank them for supporting it. We hope that this building will become a source of small change and vitality in the alley.

0 1   5m

1 RETAIL
2 OFFICE
3 ROOF GARDEN
4 MACHINE ROOM

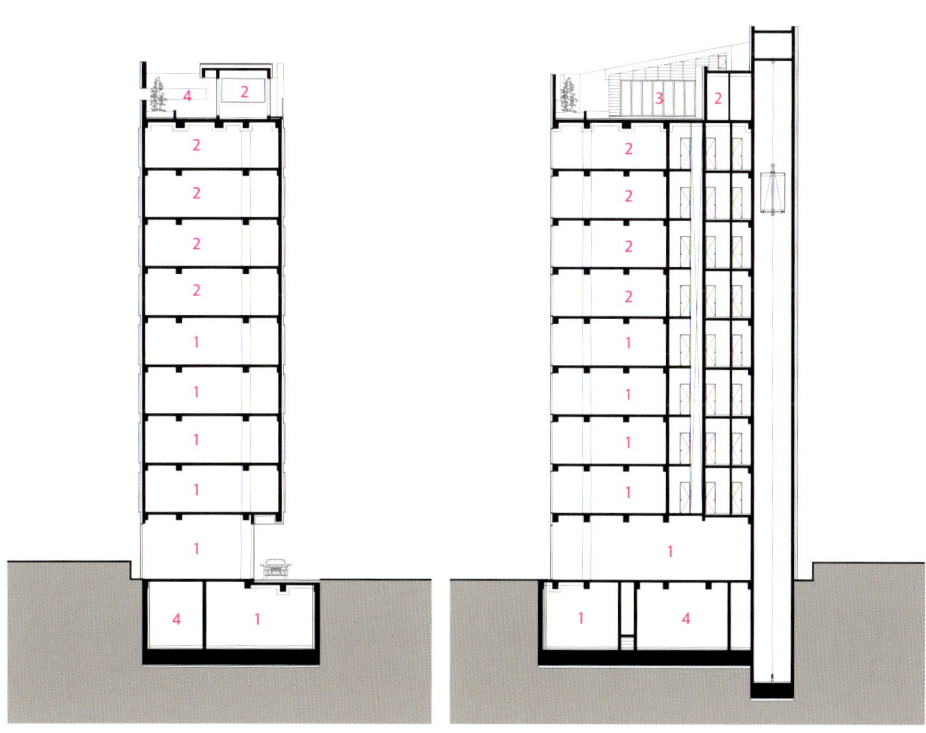

Section

0 1   5m

1 ENTRANCE
2 HALL
3 RETAIL
4 MECHANICAL ROOM

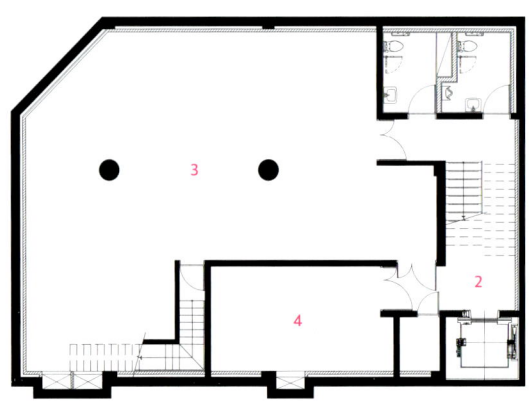

B1 Floor Plan

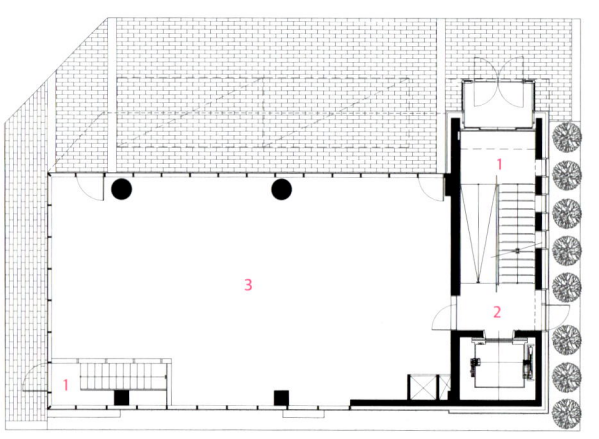

1st Floor Plan

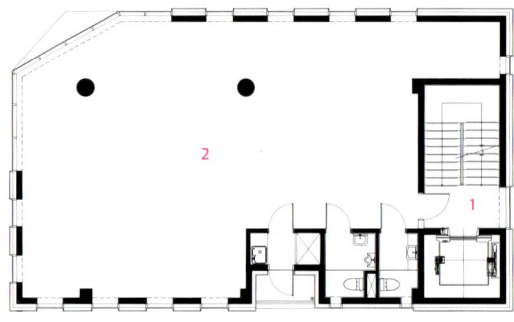

3rd Floor Plan

1 HALL
2 RETAIL
3 OFFICE
4 ROOF GARDEN

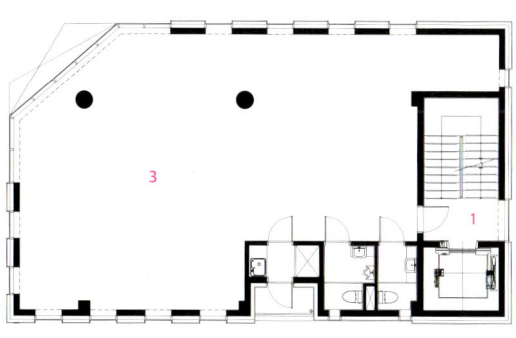

7th Floor Plan

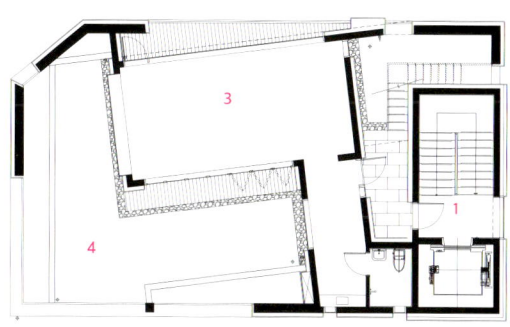

Rooftop Plan

세코툴스코리아 오피스 리노베이션

Secotools Korea Office Renovation

용인

어반소사이어티 Urbansociety

양재찬

어반소사이어티는 도시 내의 유휴공간 개발, 마켓플레이스 재생, 노후 건축물 리모델링, 커뮤니티 공간 디자인, 공유지 활성화 등의 작업을 하는 도시건축 전문팀으로, 업그레이드 방식의 공간개발을 중심으로 도시재생 분야에서 의미 있는 작업을 수행하고 있다. 건축공간이 도시의 장소, 환경, 역사, 커뮤니티와 함께할 때 비로소 스스로의 생명과 정체성을 가질 수 있다고 생각하고, 일상의 건축이 가진 가치와 잠재력을 공동체와 공유하는 작업을 통해 사회적 지속가능성을 위한 건축가의 역할을 지향한다.

충청남도 천안시 서북구 성거읍 천흥리 Cheonheung-ri, Seonggeo-eup, Seobuk-gu, Cheonan-si, Chuncheongbuk-do

스웨덴 파게르스타에 본사를 둔 세코는 절삭, 홀메이킹, 툴링의 종합적인 금속 절삭 솔루션을 제공하는 글로벌한 회사이며 전 세계 75개국의 4,100명의 팀원들로 구성되어 있다. 이러한 환경 속에서 한국 오피스가 20주년을 맞이하여 기존의 사무실 공간을 '하나의 팀'으로 일하는 세코 기업 문화를 반영한 오픈 플랜 디자인으로 리모델링 하였다.

1996년에 지어진 기존 건물은 붉은 치장벽돌과 불투시성 유리 블럭의 적절한 조화로 이루어졌다. 우리는 오래됨과 새로움의 조화를 보여주면서 최대한 기존의 요소들을 유지하는 디자인을 제안했다. 건물의 부자연스러운 주 출입 방식과 낡아서 한기를 막지 못하는 건물 창호 개선 등의 실질적인 문제점과 함께 파사드 디자인이 필요했으며, 이러한 문제점들을 고려한 측면 진입방식의 디자인은 외부에서의 인지성을 높이고 동선을 자연스럽게 내부로 연결해준다. 그리고 외부에 디자인된 적삼목 루버는 유리블럭을 통한 자연채광이 건물 안에 들어올 수 있게 도와주며, 동양적 디자인의 레이어 개념을 보여주는 요소이다.

열린 사무공간을 지향하는 오픈플랜형의 평면 레이아웃은 1인당 점유면적이 약 10㎡로 여유 있는 오피스 밀도를 확보하였다. 더불어 업무공간과 생산공간의 연결을 위해 주 출입구에서 진입하는 축 방향과 일치하는 정면에 공장 내부가 보일 수 있게 대형유리창을 계획하여 사무동과 공장동이 시각적으로 밀접하게 연결되도록 하였다. 1인실의 CUBE와 6인용, 10인용의 미팅룸은 오픈플랜형의 평면 레이아웃에서 원활한 커뮤니케이션을 위해 만들어진 독립된 공간으로 또 다른 연결을 만들어준다. 가장 큰 공간의 Performance Staging은 목재 스탠드를 설치하여 다양한 목적의 세미나와 미팅들이 가능할 수 있는 다목적실로써 탄력적으로 기능하도록 설계하였다.

입구에서 시작되는 따뜻한 느낌의 적삼목 루버와 세코의 상징인 원형 계단, 그리고 한국의 전통 조각보 문양에서 모티브를 얻은 포인트 월은 중심공간의 완결성을 더한다. 심플함과 소재의 따뜻함을 강조한 루버 디자인은 건물 외관과 연결되어 하나의 통일성을 보여주며 전체 건물의 중심이 되는 21sqm의 보이드 공간에 설치된 세코의 상징인 원형 계단은 유리와 나무라는 재료의 대비와 간결한 구조의 미를 보여준다. 포인트 월은 조각보를 상징하는 색채의 조화와 구성을 다양하게 가공된 유리의 조합으로 연출하여 시각적인 개방성을 확보하며 한국적인 디자인 요소로 접근하였다.

Gross floor area 1,559.98㎡ **Building scope** 2F **Completion** 2018.3 **Principal architect** Jaechan Yang **Design team** Minsoon Kim, Junyeong Heo, Yunseong Hwang, Minjeong Kim, Haejong Kwak **Client** SECO TOOLS **Photographer** Namsun Lee

SECO is one of the world's largest providers of comprehensive metal cutting solutions for milling, stationary tools, hole making and tooling systems.
Headquartered in Fagersta, Sweden, SECO is present in more than 75 countries with nearly 4,100 team members. In celebration of the 20th anniversary of South Korea branch office, SECO sought to remodel the office building into an open plan designed office that reflects the company's culture, working as 'ONE TEAM'.
Built in 1996, the building was originally designed in harmony with red brick and opaque glass block. We wanted to keep those harmonized existing elements in order to preserve original texture and grasp a balance between old and new. The renovated building had to embrace a new design, solving practical problems such as mislocated main access and less insulated, deteriorated windows and doors. To solve these problems, we have created a side-entry entrance which makes a clear visual awareness from outside that connects to inside in natural way. Besides, the attached wooden louvers on facade brings the natural light into the building through the opaque glass block, expressing an oriental design language.

Providing a boundless working environment, the open-plan office layout secures a margin of 10sqm per person. In addition, a big window is planned one side of the facade so that the inside of the factory can be seen in front of the main entrance. This creates a core axis from the main entrance, connecting to the working space and the production space. A single room, CUBE is allocated for international conference call and six to ten-person's meeting room. This creates another connection as a separate sequenced space for private communication. Designed with wooden stands, PERFORMANCE STAGE functions as multi-uses, such as seminars or large group meetings.
Three elements of the wooden louvers at the entrance, the circular staircase as a symbol of SECO, and the glass wall motivated by the traditional Korean patchwork add completeness to the central space. Simple and warm wooden louver demonstrates unity, by connecting the exterior facade of the building. Installed at 21sqm void space, circular stair case shows the beauty of contrast with the wood and glass. Last, various processed patch work of glass wall was constructed to provide a visual openness and reflect the local influence, Korean traditional patch work.

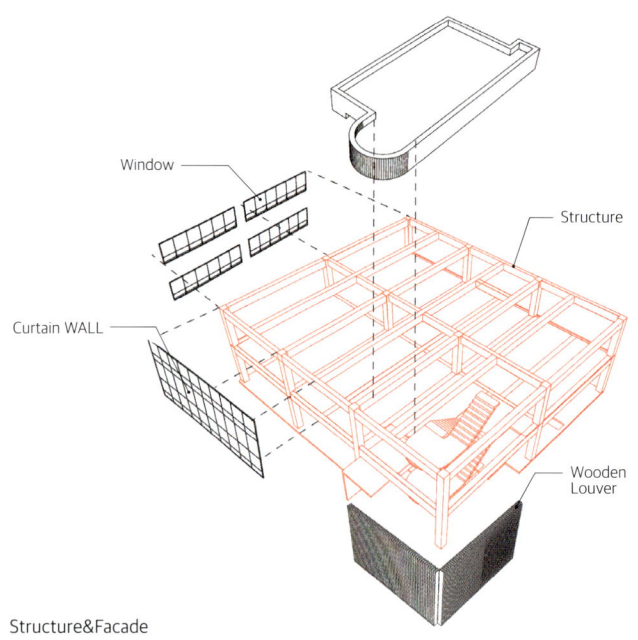

Structure & Facade

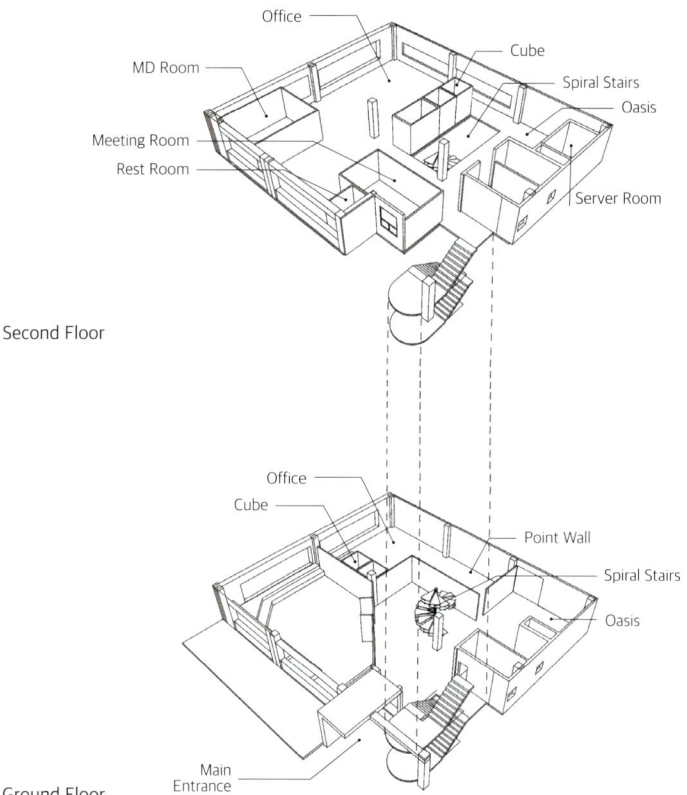

Second Floor

Ground Floor

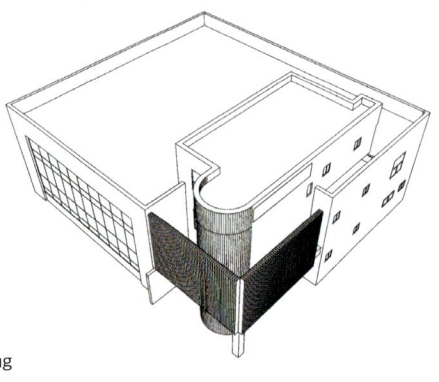

Completed Building

Axonometric

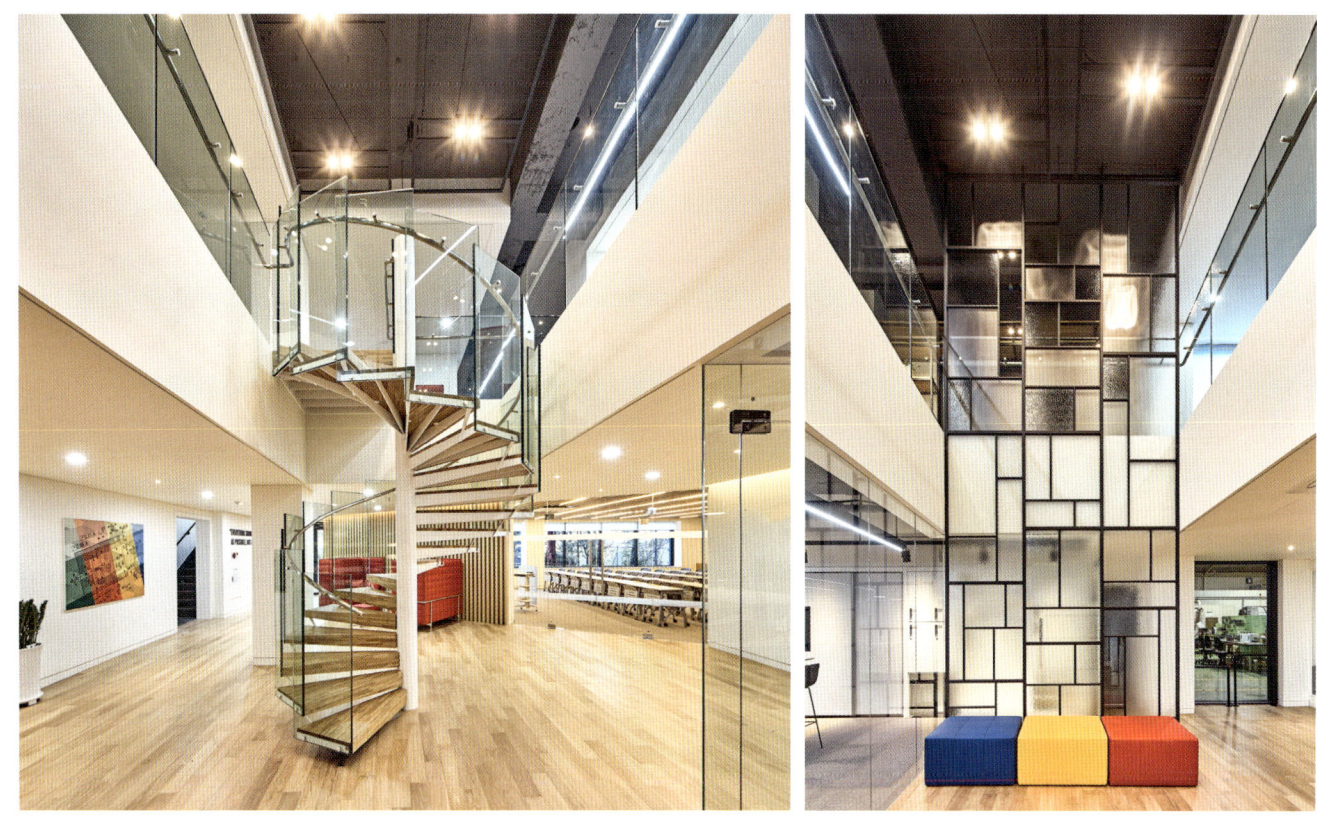

Machining
is Beautiful

"A CUSTOMER IS THE MOST IMPORTANT VISITOR ON OUR PREMIS
HE IS NOT DEPENDENT ON US. WE ARE DEPENDENT ON HIM.
HE IS NOT AN INTERRUPTION OF OUR WORK. HE IS THE PURPOSE O
WE ARE NOT DOING HIM A FAVOUR BY SERVING HIM. HE IS DOING
A FAVOUR BY GIVING US THE OPPORTUNITY TO DO SO."
MAHATMA GANDHI

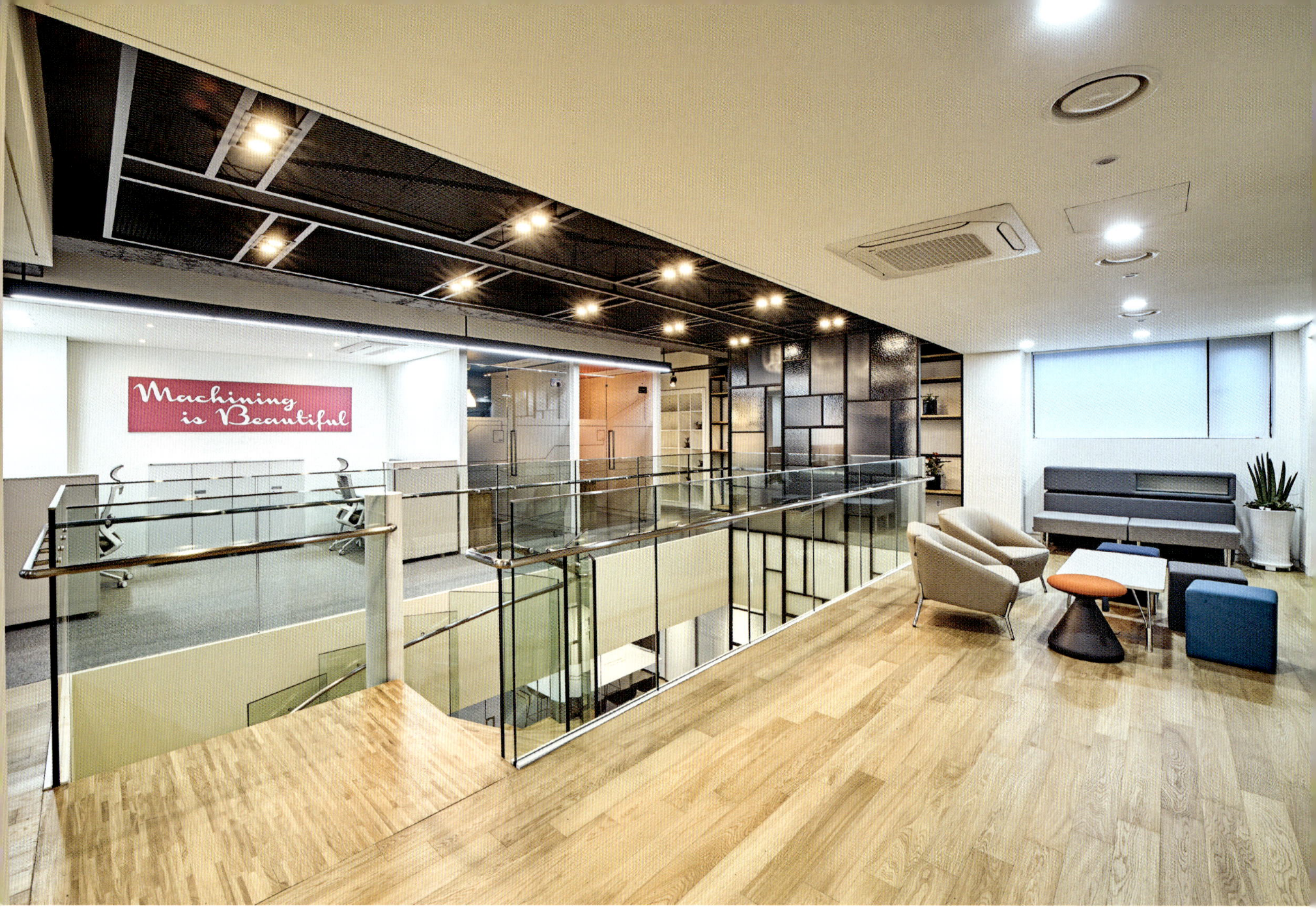

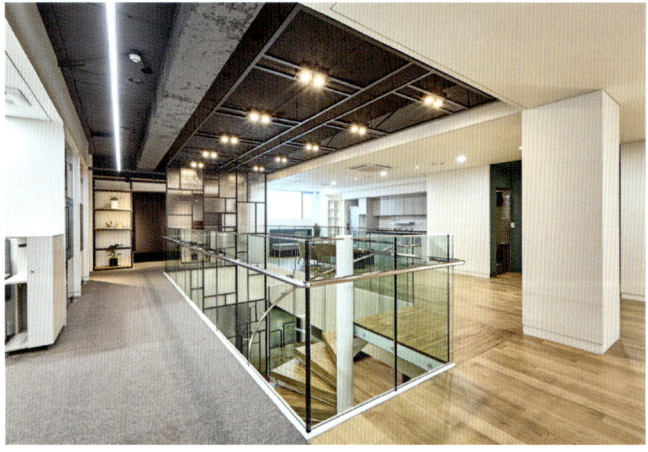

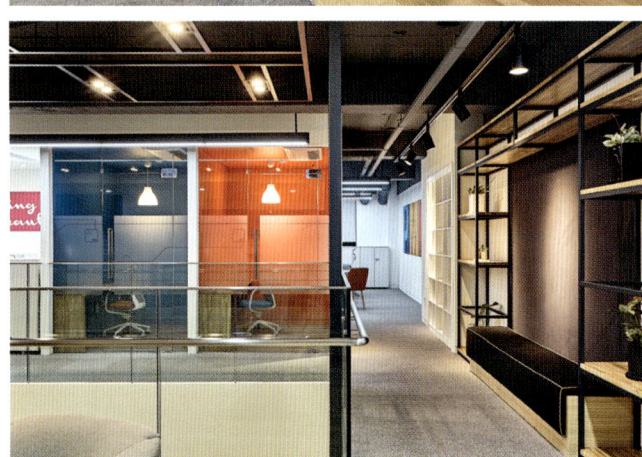

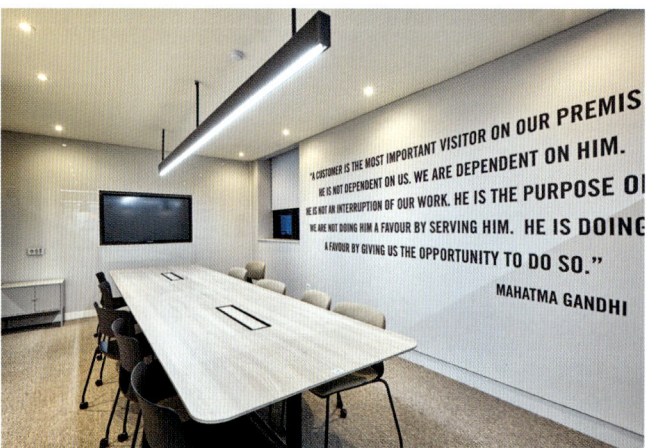

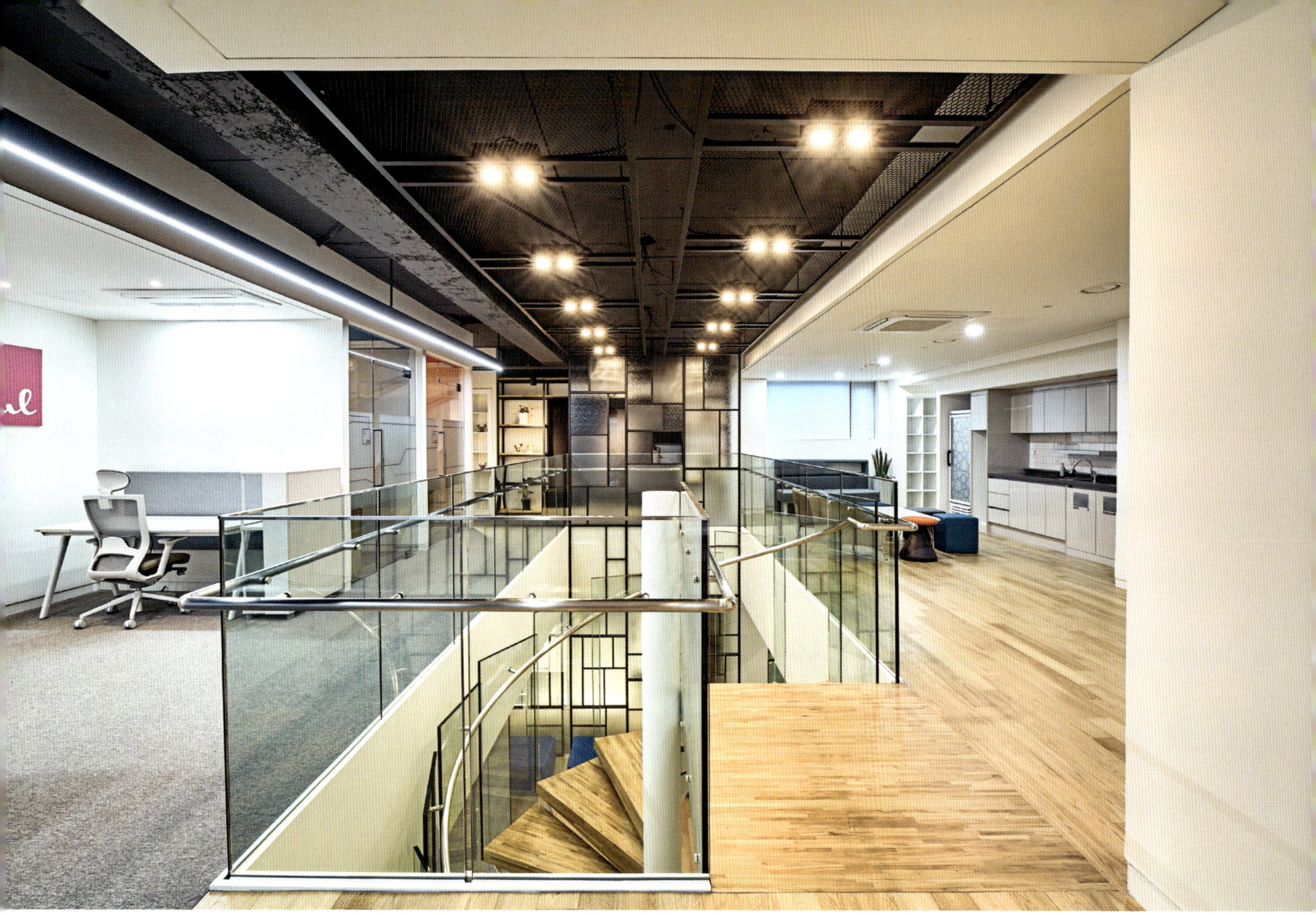

0 2 5m

1 MEETING ROOM
2 STORAGE
3 PERFORMANCE STAGING
4 OFFICE
5 CUBE
6 COLLABIRATIVE TABLE
7 GREEN ZONE
8 EXHIBITION
9 FACTORY
10 TOILET
11 MD PRIVATE ROOM
12 SERVER ROOM

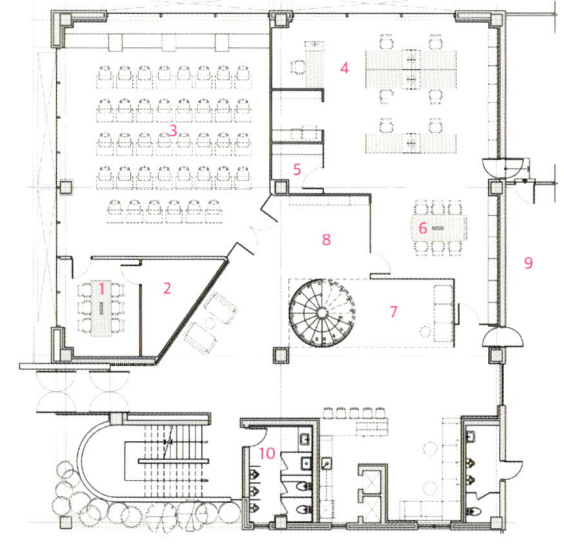

1st Floor Plan

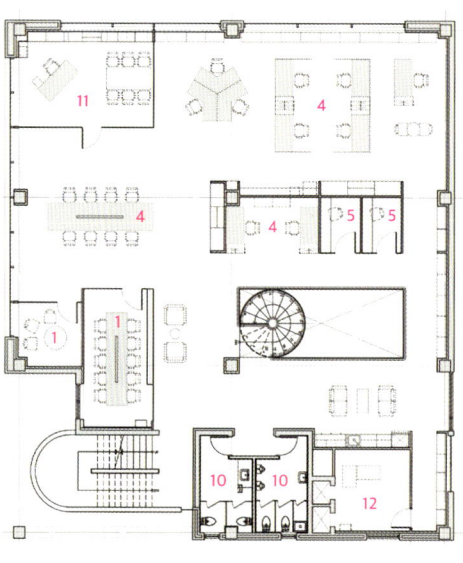

2nd Floor Plan

세듀타워 CEDU TOWER

얼짓

MXM ARCHITECTS + MaroAn Architects & Associates
엠엑스엠 아키텍츠 + 마로안 건축사사무소

이규환

CORNELL대학교 건축석사 및 한양대학교 건축공학부/대학원을 졸업하였다. 현재 (주)엠엑스엠 건축사사무소 공동대표 및 국민대 건축학과 겸임교수로 재직 중이다. SOM 뉴욕/시카고 오피스에서 실무를 쌓았고, 미국건축사 취득 후 귀국하여 2013년 엠엑스엠 아키텍츠를 설립하였다. 이후 국내 건축사사무소들과 협업하며 작품을 발표해오고 있다. <세듀타워>, <청담동 트윈빌딩>, <트러스톤 자산운용 사옥>, <잠원동 커피빈빌딩>, <청주 J타워>, <김해 메디컬타워> 등이 있다. <세듀타워>로 '2015 강남구아름다운 건축상'을, <청주J타워>로 '2018 청주시아름다운 건축상 금상' 등을 수상하였고, 문체부 주최 <국제건축문화교류>에서 우수교류자로 선정된 바 있다.

이옥정

한양대학교에서 석사학위를 취득하고, 2010년 삼우설계에서 독립해 마로안건축사사무소를 운영하고 있다. 삼우설계 재직 당시 <리움미술관>, <제주 섭지코지 빌라>, <뉴욕 한국문화원>, <신라호텔 리모델링>, <알제리 시디압델라 신도시계획> 등 다양한 프로젝트에 참여하였다. 사무소 개소 후에는 <Y-House>, <Floating 1>, <청라 골프빌리지> 등 다수의 단독주택 및 <트러스톤 자산운용사 사옥> <외교구락부> <청담동 트윈빌딩> <숭의 음악당 리모델링>, <풍세 대아틀 사옥> 등 다양한 작품활동을 하고 있다. 2012년 <더스케이프펜션>으로 '포항시 건축문화상'을 수상하였고, 2015년 <세듀타워>로 '강남구아름다운 건축상'을 수상한 바 있다.

서울특별시 강남구 역삼동 / Yeoksam-dong, Gangnam-gu, Seoul

초중등 영어교육콘텐츠 전문기업인 (주)세듀의 신축사옥이다. (주)세듀가 추구하는 기업 이미지와 같이 신뢰감을 주면서도 동시에 역동적인 이미지의 건물을 설계하기 위해 우리는 빛을 적극 활용하기로 하였다. 건물의 입면은 '빛을 투영하는 캔버스'가 되고, 공간은 '빛을 담는 그릇'이 되어 아침부터 저녁까지 다양한 표정과 느낌을 주는 건물을 설계하고자 하였다. 중저층의 낡고 무미건조한 건물들이 줄지어선 주변 가로풍경에 생동감과 개성을 불어넣고자 하였다.

이를 위해 창호의 패턴과 그 깊이감을 건축적 도구로 활용하기로 하였다. 세로로 긴 창들로 구성되는 격자형 입면패턴에 약간의 변화들을 가미하여 리듬감을 살리고, 입면에 떨어지는 빛의 유입각도에 따라 다양한 깊이감이 느껴질 수 있도록 의도하였다. 때로는 가볍고 경쾌한 느낌이었다가 어떨 때는 깊이감을 드러내며 묵직한 석재의 느낌을 전달하는, 다양한 표정을 가진 도시의 일원이 되었으면 했다. 나지막한 아침햇살과 높은 낮 시간의 햇살을 고려한 동측의 입면과, 유사한 모습이지만 이중 외피로 구성되어 낮고 따가운 저녁 햇살에 대응하는 서측 입면을 제안하였다. (차후 서측의 입면은 인근 건물의 신축계획 등 복합적인 사항을 고려하여 이중외피를 하지 않기로 결정하였다.)

지하 1층은 세듀 컬처센터로, 소규모 강의 및 행사, 그룹미팅 등을 할 수 있는 다목적 공간이다. 가변형 파티션을 활용하여 공간을 다양하게 활용할 수 있게 했고, 선큰 중정을 통한 자연광의 도입과, 천정의 넓은 면조명(바리솔)을 통해 지하같지 않은 밝고 시원한 느낌의 공간을 계획하였다. 다양한 업무환경에 효율적으로 활용될 수 있도록 지상의 기준층(2~5층) 업무공간에는 기둥이 없도록 하였다. 이를 위해 편심코어를 계획하고, 코어 벽체 측과 외피 측에 기둥을 매입하였다. 6층, 7층, 옥상정원은 3단 구성의 계단식 중정으로 계획하였다. 매스와 보이드가 빛의 움직임에 따라 다양한 느낌을 연출하는 공간으로 이 건물의 심장부라 할 수 있다. 계단식으로 계획된 테라스들~옥상정원~7층 Sun Bath공간~6층 천창을 가진 회의실과 앞마당 사이사이로 빛이 뿌려지며 다양한 공간감이 느껴지는 것을 의도하였다. 공간의 비움에 의하여 내외부의 경계가 흐려지고, 건물은 더 많은 공간을 만들고 빛을 담게 된다. 실내의 연장선상에 있는 외부테라스는 넓은 공간감과 또한 실내만이 가지는 안정감과 편안함을 가질 수 있게 하였다.

Site area 427.80m²   Building area 204.25m²   Gross floor area 1,708m²   Building scope B2, 7F   Building to land ratio 47.745%   Floor area ratio 247.56%   Completion 2015. 9   Principal architect Kyuhwan Lee, Okjung Lee   Project architect Kyuhwan Lee, Okjung Lee   Design team Byungwan Hwang, Lucas Licari, Jiyoung Choi   Structural engineer MOA STRUCTURE   Mechanical engineer CHUNGLIM ENGINEFING   Electrical engineer DAEKYUNG ELECTRICS ENGINEERING   Construction S&C CONSTRUCTION   Client CEDU BOOKS   Photographer Hyunjun Lee

This project is the new office building of SEDU Co., Ltd., which specializes in elementary and middle school English education contents. We decided to make the best use of light in order to design a building that is dynamic while giving a sense of credibility, which is the corporate image that SEDU pursues. We designed the facade to be a 'canvas that projects light' and the space, a 'vessel of light', to create a building that shows various facial expressions throughout the day. Our aim was to breathe life and personality into the surrounding landscape, which is lined with old and dull low-rise buildings.

For this purpose, we decided to use window patterns and their sense of depth as architectural tools. Rhythmic design was created by making slight changes in with the lattice-shaped elevation pattern consisted of vertically long windows, and we made it so that various sense of depth could be perceived depending on the angle of light falling on the elevation. Our hope is for it to be a member of the city with various expressions, sometimes light and cheerful, and other times weighted like a heavy stone, to reveal a sense of depth. We proposed the east facade considering the low morning sun and high afternoon sun, and a west facade similar to it, but which is composed of a double skin to respond to the low and strong evening sunshine. (Afterward, we decided not to use a double skin for the west elevation, considering complex situations such as the construction of a new neighboring building etc.)

In the basement level is CEDU's cultural center, a multipurpose space for small-scale lectures, events and group meetings. We used a variable partition so the space can be utilized in different ways and planned natural light to enter through a sunken courtyard. We used a stretch ceiling (Barrisol) to make it a bright and open space, which makes it seem not like a basement. In order for efficient use in various work environments, we designed a column-free space for the office spaces on the 2nd to 5th floor. For this, an eccentric core was planned, and the pillars were embedded in the wall of the core and the outer skin. The 6th, 7th floors and rooftop gardens were planned as a three-tiered stairwell. It is the heart of the building where mass and void create assorted impressions according to the movement of light. With a splash of light coming in between the terraces, the roof garden, the 7th floor sunbathing space, the 6th floor conference room with a skylight and the front yard, our intention was to give it different senses of space. By the emptying of space, the boundaries between interior and exterior are blurred, and the building seems to create more space and hold more light. The exterior terrace, extended from the interior, allows for a spacious feeling of space as well as a sense of stability and comfort that only an interior can have. This project is close to our hearts as we were able to plan everything from new construction design to interior design.

1 THK30 WOOD PANEL
2 TEMPERED GLASS HANDRAIL
3 THK30 LIME STONE, THK120 INSULATION
4 THK24 LOW-E GLASS

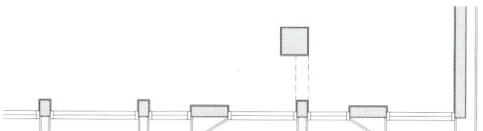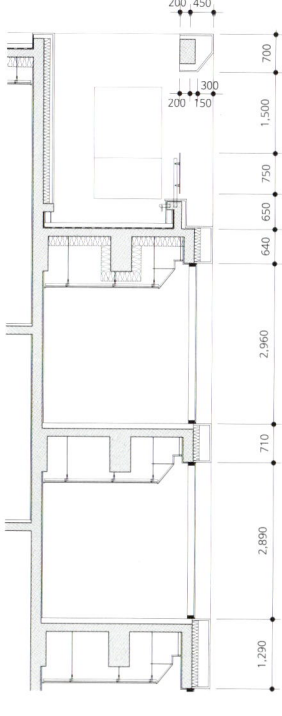

Detail

Section Diagram

1 MECHANICAL PARKING SYSTEM	9 RESTROOM
2 MECHANICAL ROOM	10 HALL
3 ELECTRICAL ROOM	11 COMMERCIAL FACILITY
4 SEPIC TANK	12 PARKING LIFT
5 MULTI-PURPOSE ROOM	13 OFFICE
6 MEETING ROOM	14 COPY ROOM, PANTRY
7 CAFETERIA	15 LIBRARY
8 SUNKEN GARDEN	16 TERRACE
	17 LOUNGE

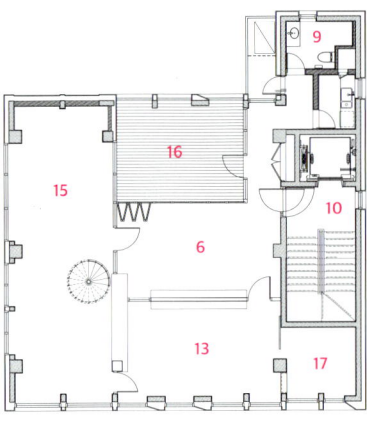

6th Floor Plan

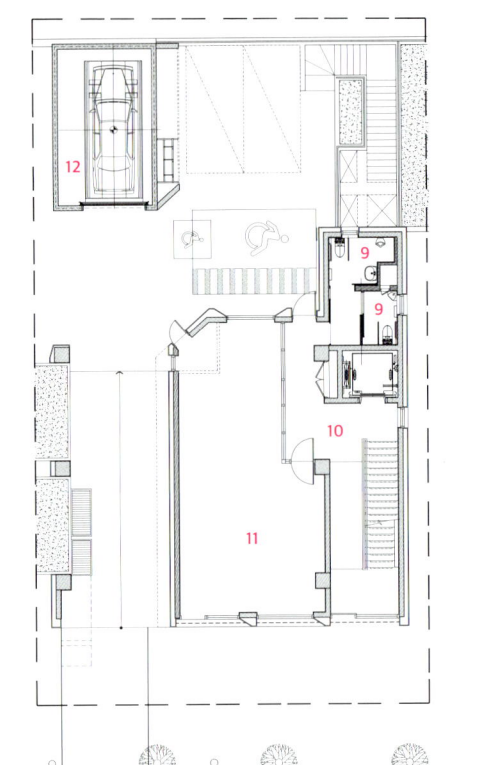

1st Floor Plan

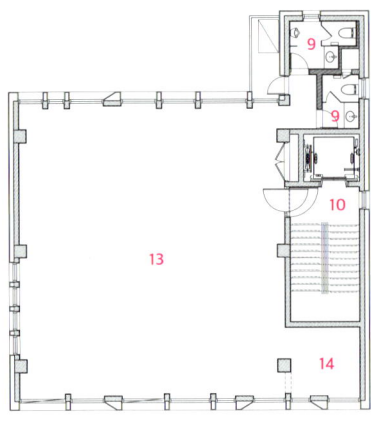

Standard Floor Plan

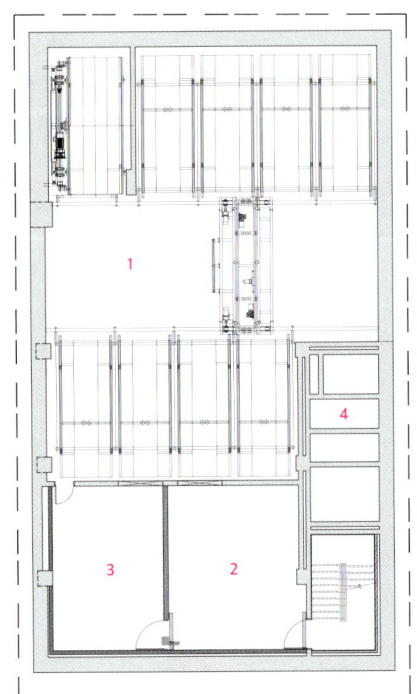

B2 Floor Plan

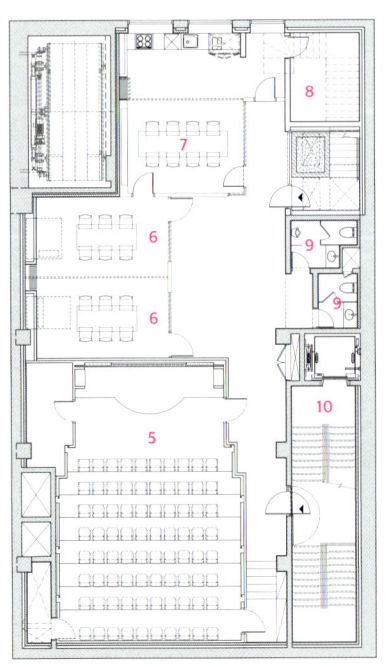

B1 Floor Plan

이화예술품피 신사옥 IWHA BUILDING

영상

지안건축사사무소 Zian Architects Planners

박세희

박세희 건축사는 연세대학교 건축공학과와 동대학원을 졸업한 후 (주)삼정D&G 종합건축사사무소, (주)예림건축사사무소에서 실무를 쌓았다. 현재는 방배동에 위치한 지안건축사사무소의 대표다. 2013년 리모델링 정책에 기여한 공로를 인정받아 국토교통 부장관 표창장을 받았다.
그는 강원랜드 프로젝트를 총괄 진행했고, 고급 호텔 및 리조트 시설 부문에서 굵직하고 다양한 경력을 보유하고 있다. 특히 리모델링 프로젝트와 관공서 현상공모 프로젝트에서 두각을 나타내고 있는데 리모델링 프로젝트로는 서서울공원, 명동성당 문화관 리모델링, 워커힐 일신아파트 리모델링 등을 진행했다. 현상공모전으로는 청와대 사랑채와 영종하늘도시 도서관, 무창포 해수욕장 전망대, 송산그린시티 전망대와 오산문화공장 등을 담당했다.
현재는 노후한 공동주택을 다양하게 리모델링하는 방식을 연구 중이며 특히 대수선형 리모델링의 사업방식과 설계기법, 시공방법에 대한 연구용역과 실제 프로젝트를 진행 중이다. 또한 노후 저층 주거지에 대해서도 소규모 정비방식과 주민 자발적, 자주적인 생활환경개선 방식을 위한 설계기법 개발을 탐구 중이다.

서울특별시 서초구 서초동 Seocho-dong, Seocho-gu, Seoul

이화에스엠피는 헬스 피트니스기기 전문기업이다. 최근 헬스케어 시장의 확대로 빠르게 성장하고 있다. 건축주는 신사옥이 기업의 건강한 이미지를 전달하고 역동적이며 창의적인 에너지를 생산할 수 있는 공간이 되기를 원했다. 대지는 예술의 전당에서 서초역까지 이어지는 반포 대로변에 위치하고 있다. 대로는 반포대교까지 확장되어 한강의 남북을 연결시켜 준다. 향후 내방역에서 서초역을 연결하는 서리풀 터널이 개통되면 동서 방향으로의 확장성까지 기대가 되는 위치다. 대지 주변은 걷기 좋은 거리이기보다는 많은 차가 지나치는 도로이기 때문에 랜드마크 역할을 하는 인상적인 입면 디자인이 필요했다.
계획의 중요한 목표는 협소한 대지에 경제적이고 효율적으로 공간을 풀어내는 것과 동시에 이화만의 브랜드 이미지에 적합하고 차별화된 디자인 전략을 수립하는 것이었다. 견고하면서 유연한 균형 잡힌 계획이 필요했다. 기계식 주차타워 계획으로 인해 공간의 수평적 확장은 한계가 있었기에 수직성을 강조한 계획이 필요했다. 자연스럽게 각 층의 층고를 정하는 것이 전체의 비례와 입면 디자인을 결정하는 핵심이었다. 따라서 높은 층고 계획을 통해 입면 패턴의 비례를 결정하고 내부적으로는 수직적 공간의 확장성 및 개방성을 유도했다. 건물의 파사드는 창호를 사선으로 계획하여 일정한 패턴을 유지하며 깊이감 있는 입면을 만든다. 동시에 일부를 알루미늄 타공 판넬로 막아 변화를 주고 내부에서 바라볼 때 빛이 쏟아지는 효과를 연출하였다. 나머지 입면은 기능적인 창호 외에 밝은 톤의 세라믹 판넬로 마감하여 가볍지만 견고한 이미지를 강조하였다. 솔리드한 입면이 주는 견고함과 빛을 끌어들이는 창문들의 유연함이 주는 균형감이 사옥에 걸맞은 고급스럽고 세련된 이미지를 만든다.
오피스 계획시 일 년 내내 실내에서 근무하는 사람들에게 계절의 변화를 느끼게 하는 것이 중요하다. 임대공간의 효율을 고려하면서 적절하게 자연환경을 내부로 끌어들이는 계획이 필요했다. 건축주와의 협의 끝에 건물의 중앙에는 환기 및 빛 우물 역할을 하게 되는 에코 튜브를 계획하고 지하 1층에는 선큰 계획을 통해 실내와 지하 환경을 개선하였다. 또한 선큰을 통해 자연스럽게 지하 1층 진입 동선이 만들어졌다. 계단실과 에코 튜브에 면하는 공간도 창을 내어 시야를 내부공간에 머물게 하지 않고 외부공간까지 확장했다. 저층부는 도로에서의 접근성 및 개방성을 확보하고 소통을 위한 카페 및 커뮤니티 공간을 계획하였다.
각 층에는 선큰 및 발코니를, 루프탑에는 도심 속 자연공간을 만들어 이용자들을 위한 쾌적한 휴식공간을 제공하였다. 사무실은 오픈 플랜으로 기둥의 방해 없이 자유로운 평면구성이 가능하며 최상층 오피스는 6m에 가까운 복층 구조로 인해서 입체적인 공간변화가 가능하다. 지상 1층~4층에는 근린생활시설, 5층~8층은 사무실 영역이며, 지하 1층은 6m의 높은 층고를 가진 공간으로 계획하였다. 특별한 인테리어 자재나 장식을 사용하지 않더라도 외부로 열린 창의 개방감, 공간의 변화와 높이, 바닥재료의 변화 등을 활용하여 각각의 영역의 특성에 따라서 개성 있는 공간감을 구현할 수 있다.

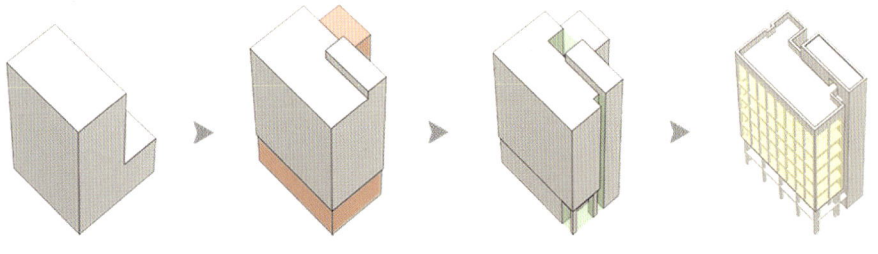

Diagram

Site area 449m² Building area 213.13m² Gross floor area 1,743.02m² Building scope B2, 8F Building to land ratio 47.47% Floor area ratio 248.25% Design period 2016. 1 - 12 Construction period 2016. 12 - 2018. 2 Principal architect Sehee Park Design team Woohyun Jung, Jaebum Kwon, Jaein Yoon, Hyunjung Kim Cooperation Harmony Structure, Hangil Engineering, Jeil Gootoch Construction Johyo Structure Reinforced concrete construction Client IHWA SMP Photographer Youngchae Park

IWHA SMP is a company specialized in gym fitness equipment. Recently, they are rapidly growing due to health care market expansion. The client wanted the headquarter to deliver a heathy image of the company and to be a dynamic space where it can produce creative energy. The site is situated on Banpo-daero street, connected from Seoul Art Center to Seocho station. The street continues to Banpo bridge where it connects the north and south of the Hangang. The location is expected to expand in east-west direction when Seoriful tunnel opens in the future.

Impressive elevation design was needed to act as a landmark because it is rather surrounded by road for many cars, than a walkable street. The essential goal of the plan is to design space efficiently and economically on the tight land and establish a differentiated design tactic customized for IWHA's brand image. A solid and flexible balanced plan was needed. A vertically emphasized design was needed as there is a limit to expand vertically for car parking tower plan. The determining point to overall proportion and elevation design is to naturally decide by ceiling height of each level. Therefore, high ceiling design decides the proportion of the elevation pattern and induce interior expandability and openness of vertical space. The façade has lean in window design with a regular pattern, which adds depth to the building design. At the same time, some windows are blocked with the perforated aluminum panel to give a change and created pouring sunlight effect when looking from the interior space. The remaining elevations were highlighted by finishing with bright tone ceramic panels in addition to functional windows, highlighting a light but firm image. The balance of the firmness of solid elevation and the flexibility of light collecting windows form luxury and modern image.

It is important for office workers to feel the change of the season when it comes to planning an office. There was a need for a plan to bring natural environment adequately into interior space as well as considering the efficiency of the lease area. After a long meeting with the client, install eco tube at the center of the building for ventilation and light well, and sunken basement level to improve interior and basement environment.

Also, the sunken provides a smooth entrance circulation to the first basement. The space adjacent to the staircase and eco tube also opened up with windows which expand the vision to outside. The low-level floor secured accessibility and openness from the road and planned a cafe and a communication space for interaction. Each level has sunken garden or balcony and offered a comfortable rest space for users on the rooftop, a natural space in the urban city. The open office plan allows the office arrangement freely without an interruption of the column and the top floor office enables dimensional spatial change due to the nearly 6m mezzanine structure. The first to fourth floor is general commercial space, fifth to the eighth floor is office space and the first basement was planned to have 6m high ceiling space. Without any special interior material or decoration, the openness to outside, space change and height, floor material change and etc. can create characterized space according to each space property.

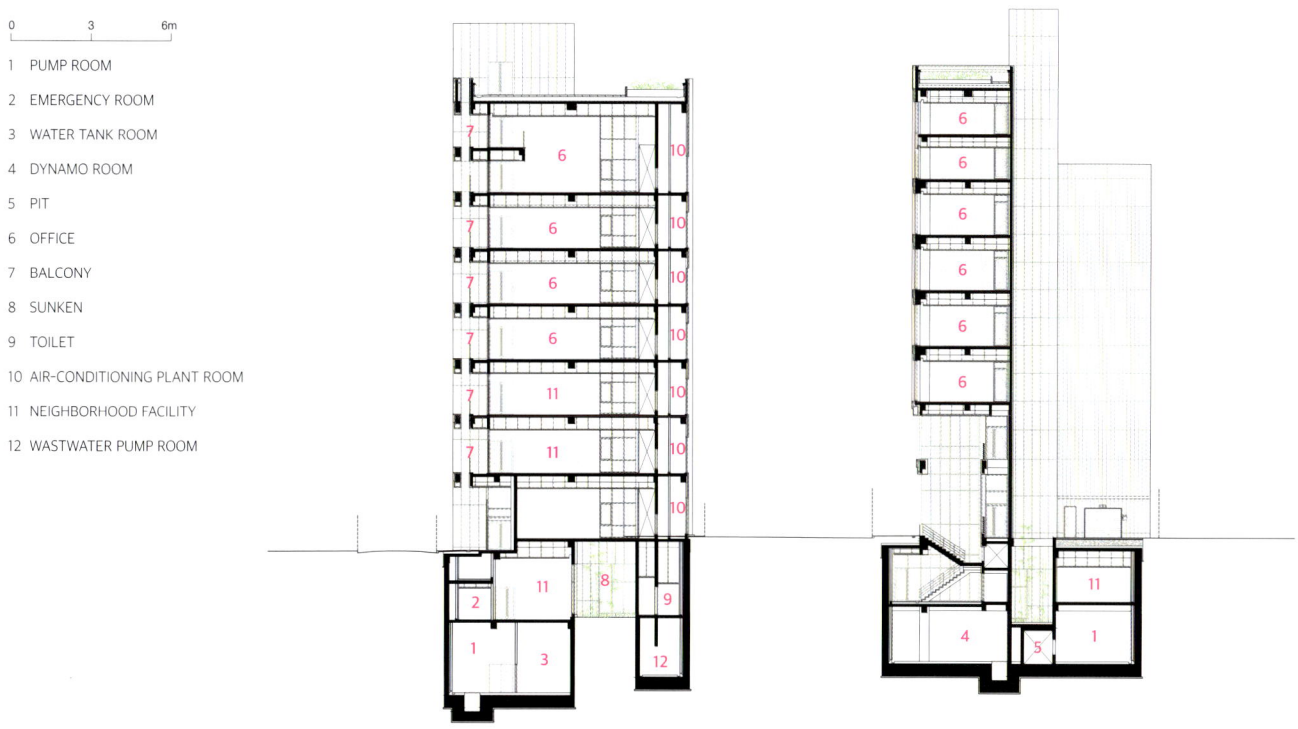

1 PUMP ROOM
2 EMERGENCY ROOM
3 WATER TANK ROOM
4 DYNAMO ROOM
5 PIT
6 OFFICE
7 BALCONY
8 SUNKEN
9 TOILET
10 AIR-CONDITIONING PLANT ROOM
11 NEIGHBORHOOD FACILITY
12 WASTWATER PUMP ROOM

Elevation

1 EPS
2 SUNKEN
3 AIR-CONDITIONING PLANT ROOM
4 NEIGHBORHOOD FACILITY
5 MECHANICAL PARKING
6 EMERGENCY ROOM
7 LOBBY, STAIRCASE
8 BALCONY
9 ROOF GARDEN

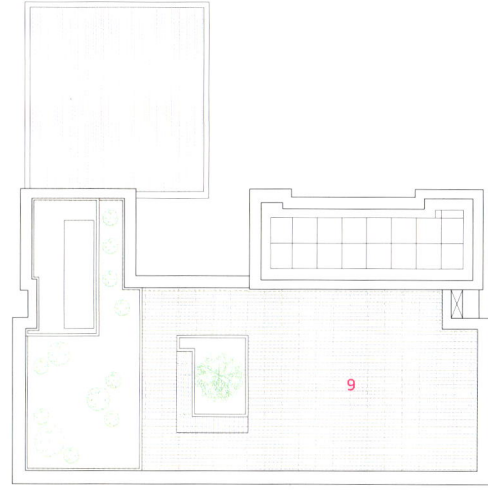

Roof Plan

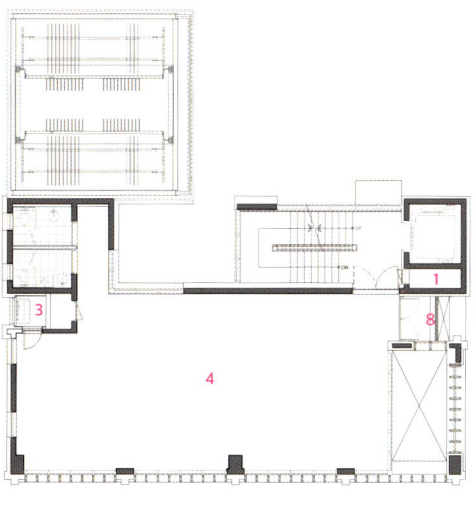

2nd Floor Plan

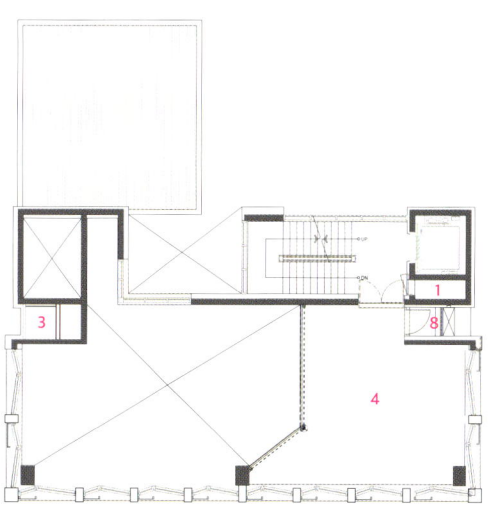

8th Floor Plan

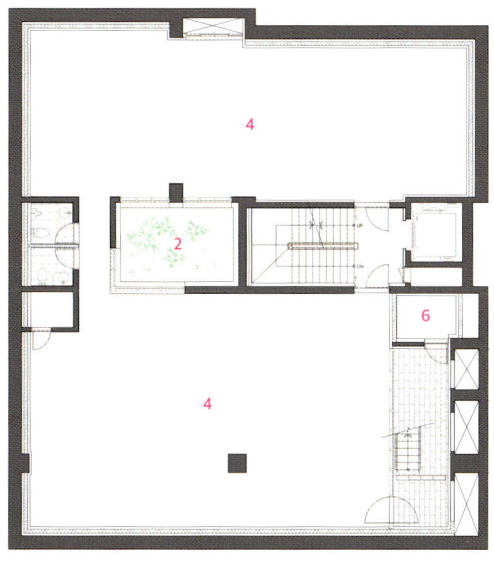

B1 Floor Plan

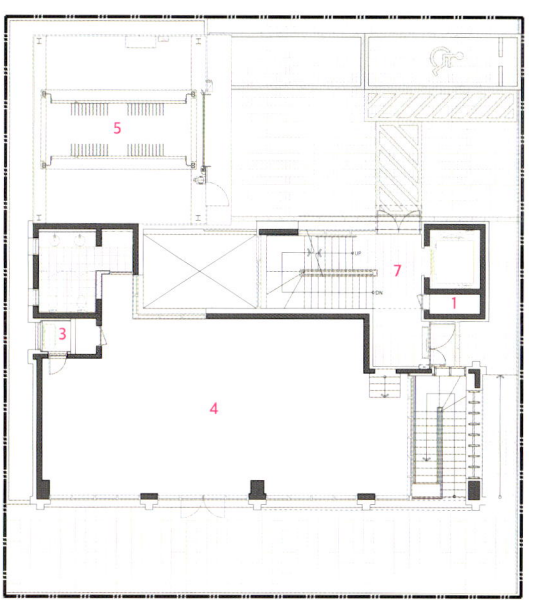

1st Floor Plan

목천빌딩 M.C. Building

열다섯

건축사사무소 어코드
URCODE Architecture

신훈
홍익대학교 건축학과 졸업 이후 O.C.A에서 실무를 익혔다.
건축사사무소 어코드를 개소한 후, 건축을 인지하게 되는 코드
(code)의 시작점(ur)을 찾아 그것을 처음부터 다시 생각해 보는 설계
방법론으로 접근하고 있다. 우리가 직관적으로 느끼는 좋은 건축에
대한 판단에 근본적 이유가 있다고 보고, 새롭게 표현할 수 있는
가능성에 대해 생각해 본다.

서울특별시 강남구 대치동
Daechi-dong Gangnam-gu, Seoul

대지는 동서 방향으로 긴 모양을 하고 있다. 좁은 면으로 도로에 접하고, 안쪽으로 긴 동선을 가질 수밖에 없다. 주변 상권과 보행자의 시선 등을 고려하여, 1층과 2층은 도로에서 바로 진입할 수 있도록 하였으며, 건물의 계단실과 엘리베이터는 깊게 진입하여 연결된다. 건축주의 입장에서는 건물은 임대가 목적이지만, 건축은 임대라는 목적이 존재하지 않는다. 건축은 순수하게 사용자의 입장에서 사용되기를 바라는 목적물 그 자체이며, 사용자가 어떻게 사용하느냐에 따라 변화할 수 있다. 때로는 음식점이 될 수도 있으며, 때로는 사무공간이 될 수도 있다. 건축가가 지향하는 것은 변화하는 쓰임새에 대응하는 자세와 기본에 충실한 건축일 것이고, 드러내지 않은 의도가 이야기로 만들어지기를 기대한다.

본 건물은 상자의 뚜껑을 여는 듯한 모양을 하고 있는지도 모르겠다. 작은 상자 하나를 열어보는 즐거움이 건물에 투영되었으면 하는 바람이었고, 여기서 '열어본다' 혹은 '열어주다'의 의미를 담고자 했던 것은 건축주의 소망이 담겨지기를 바라는 마음에서였다. 각 층별 발코니를 두어 외기를 느낄 수 있도록 하였고, 5층의 높은 층고는 천창을 통해 효과를 극대화하려 하였다. 옥상은 추후 용도변경이 이루어질 경우를 대비하여 증축이 용이하도록 조성하였다. 건물의 마감은 석재를 사용하여 통일된 느낌을 주는 것이 적합할 것으로 생각되었다. 석재의 표면은 잔다듬이 되어 있어서, 유리의 표면과 대조되는 느낌으로 구성되었다.

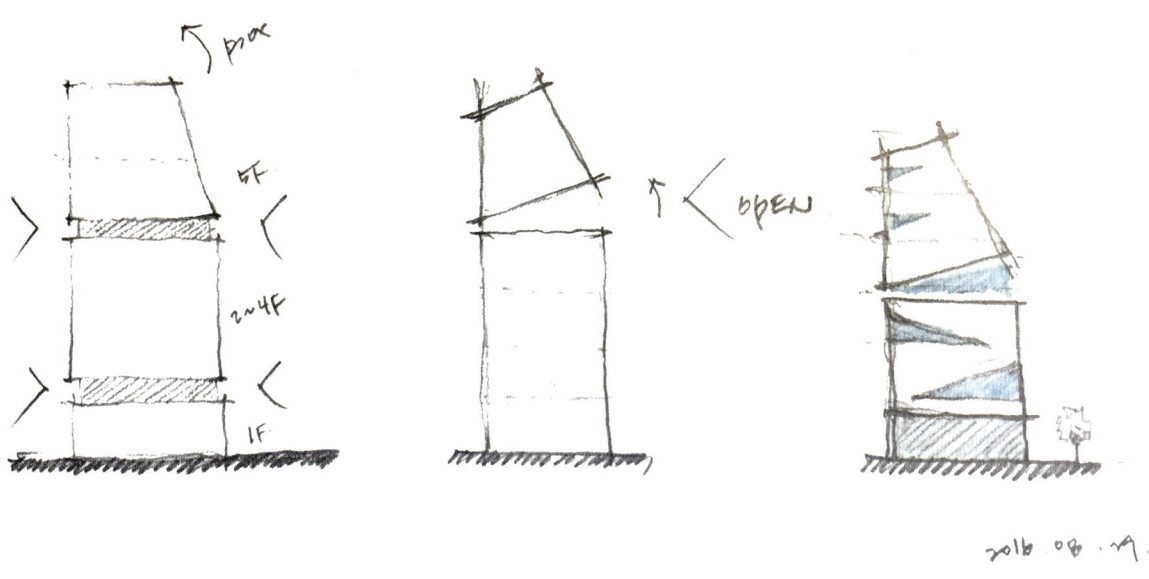

Sketch

Site area 591m² Building area 293m² Gross floor area 1,820m² Building scope 5F Construction period 2016~2018 Completion 2018 Principal architect Hoon Shin Project architect Taewoo Ahn, Younghwan Kong Mechanical/Electrical engineer Jinwon Eng Construction Samhyub © DISTINTO Construction Co. Ltd. Client Janghyun Lee Photographer DISTINTO

생고기전문
참숯불구이

BOXING LOUNGE
HIT FIT!!
히트핏 복싱라운지

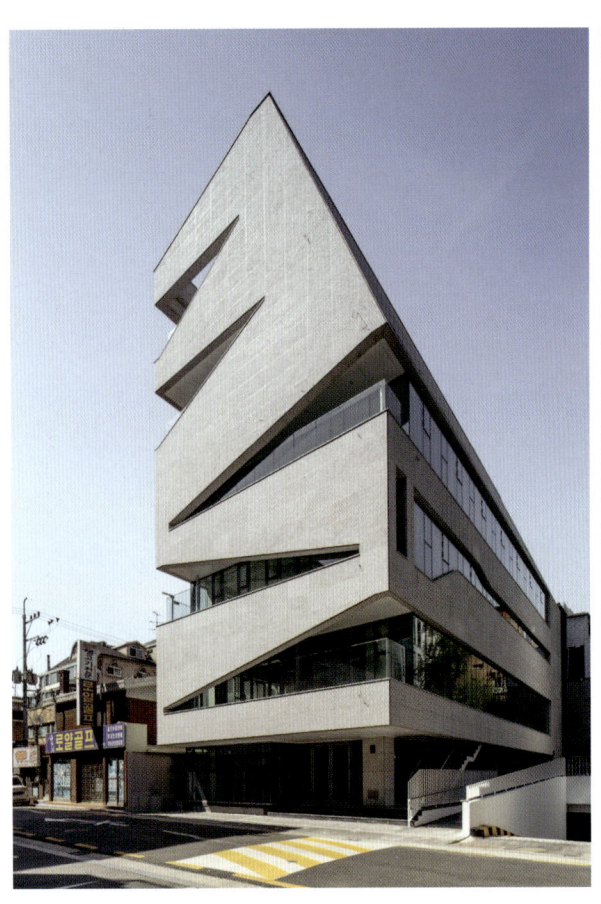

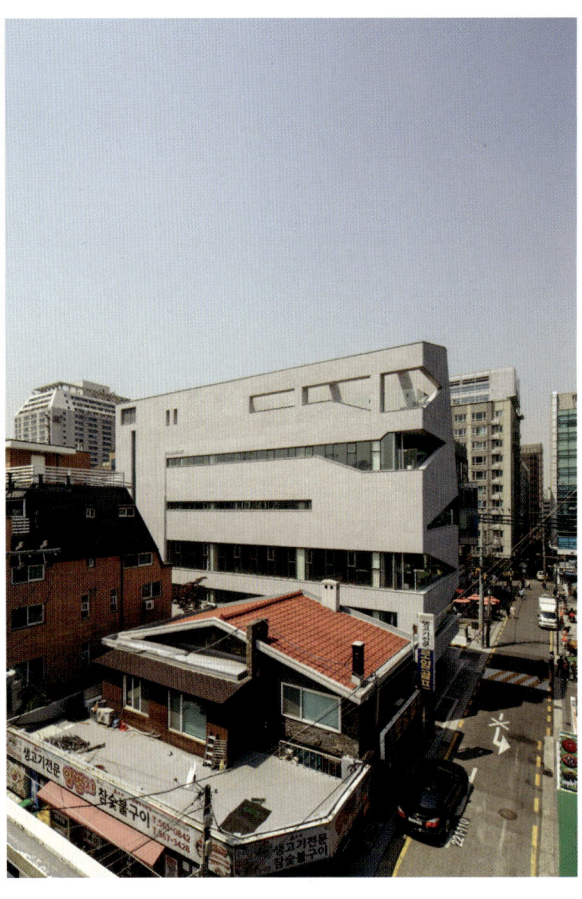

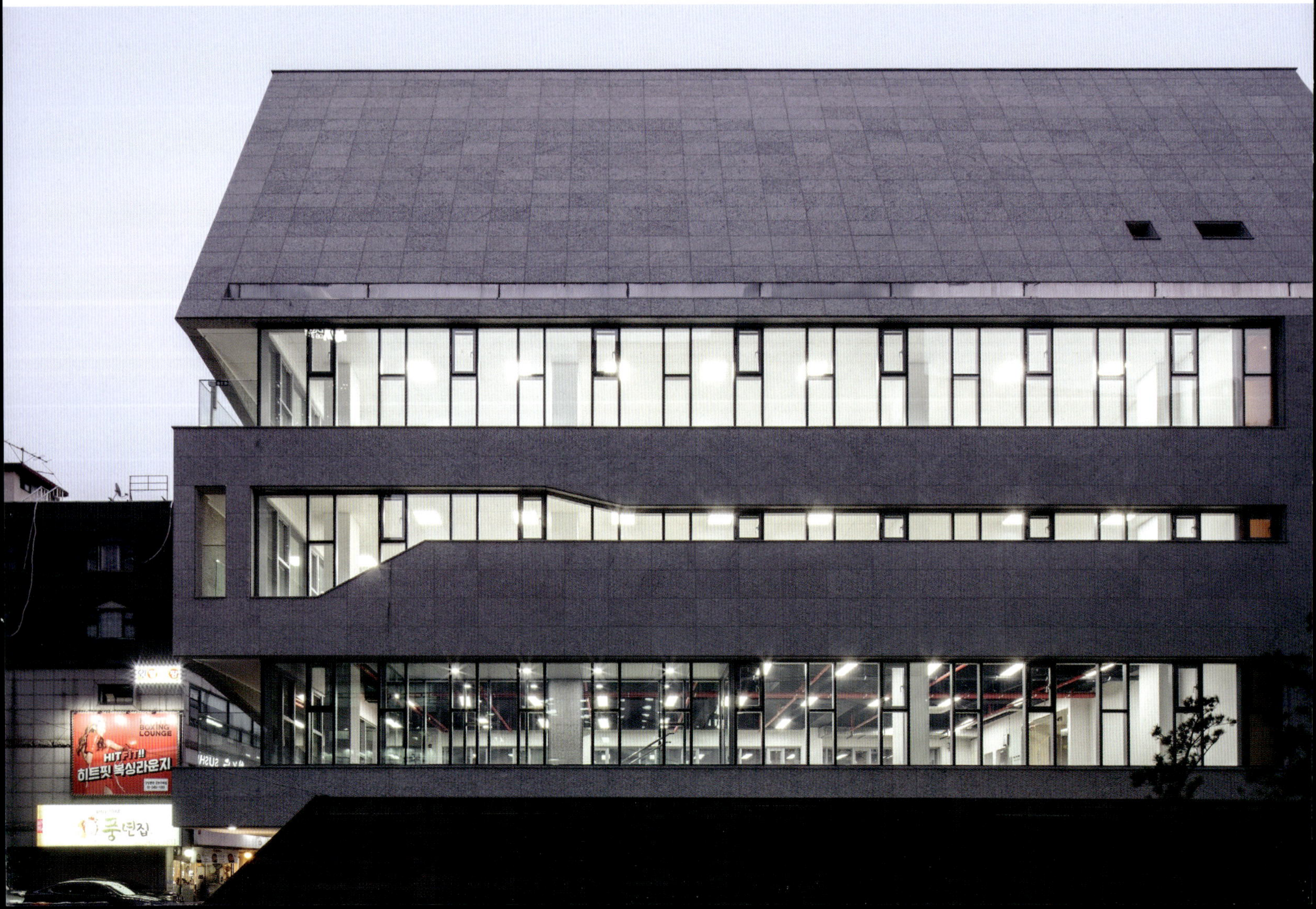

The site is towards to east and west direction. The narrow side of site links to the road, so there should be longer walking distance inside. In the light of business district and the view of pedestrians, it is designed to approach the site from the first and second floor, and the connection of stair hall and elevator locate inside of building. From the purpose of an owner of building is to lease spaces, however architecture doesn't exist for letting itself. The use of architecture should be on users' point of view and it can be transformed by the users' opinions. Depends on users' opinion, it can be restaurants or offices. The intention of architect is to respond transformation of its design, moreover expect to be constructed in many ways than one.

This building may looks like opening the box which reflects joy of opening little boxes through the experiencing a building. The meaning of 'opening' also contain the owners' hope as well. There is a balcony in each floor for feeling the air, and having high celling of fifth floor is to intend lighting. In case of transforming the use of rooftop, it constructs for easy extension. Also using stone for the finishing materials gives unified atmosphere in the building. The surface of stone consists with dabbed finishing which contrasts the surface of glass.

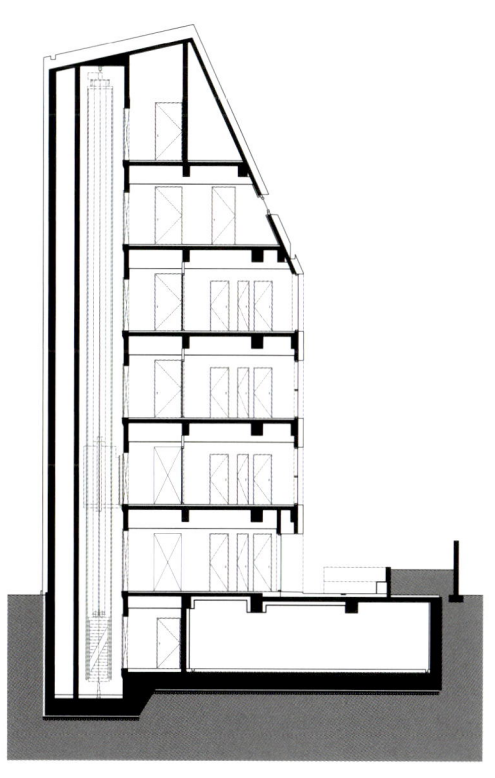

Section

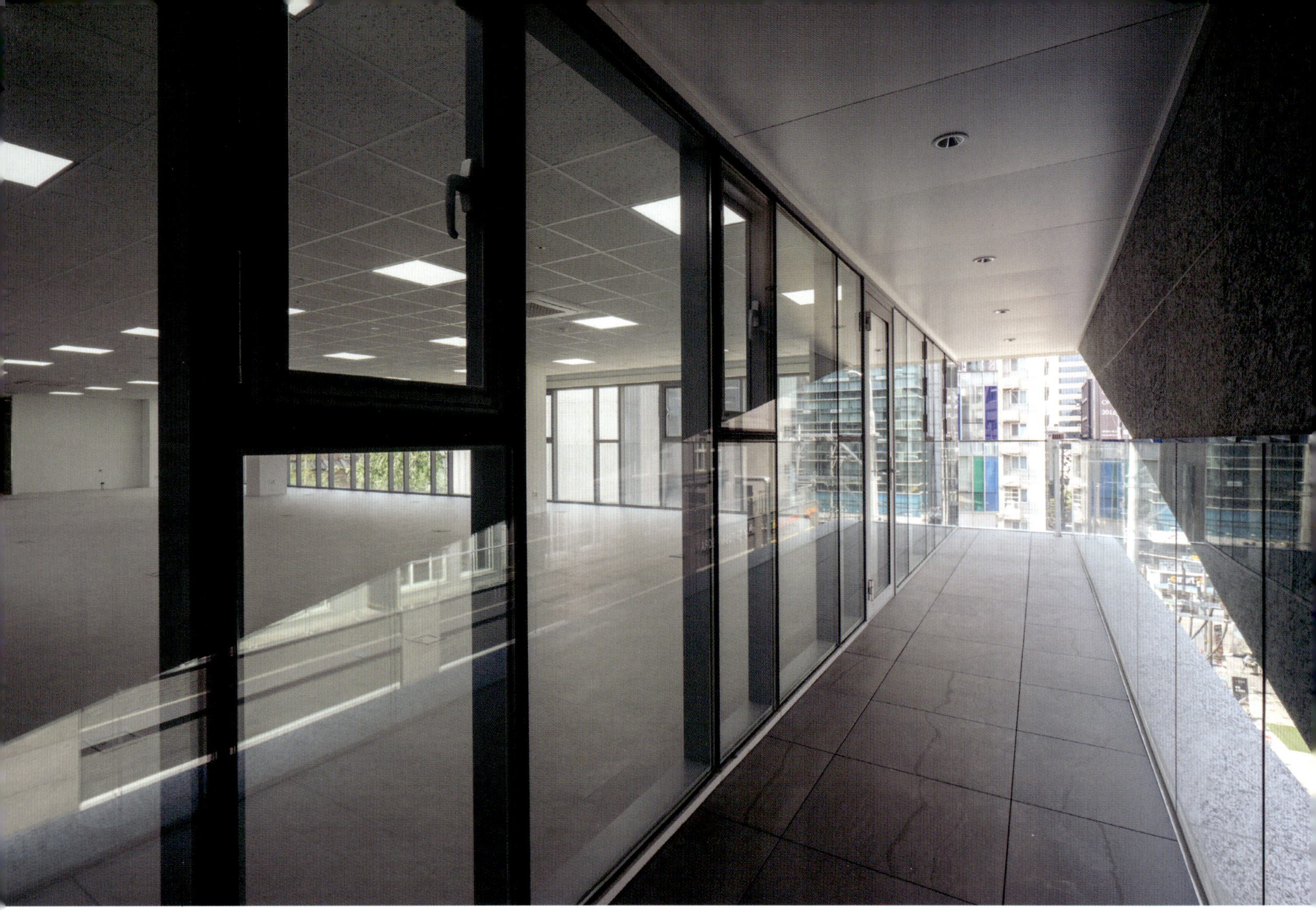

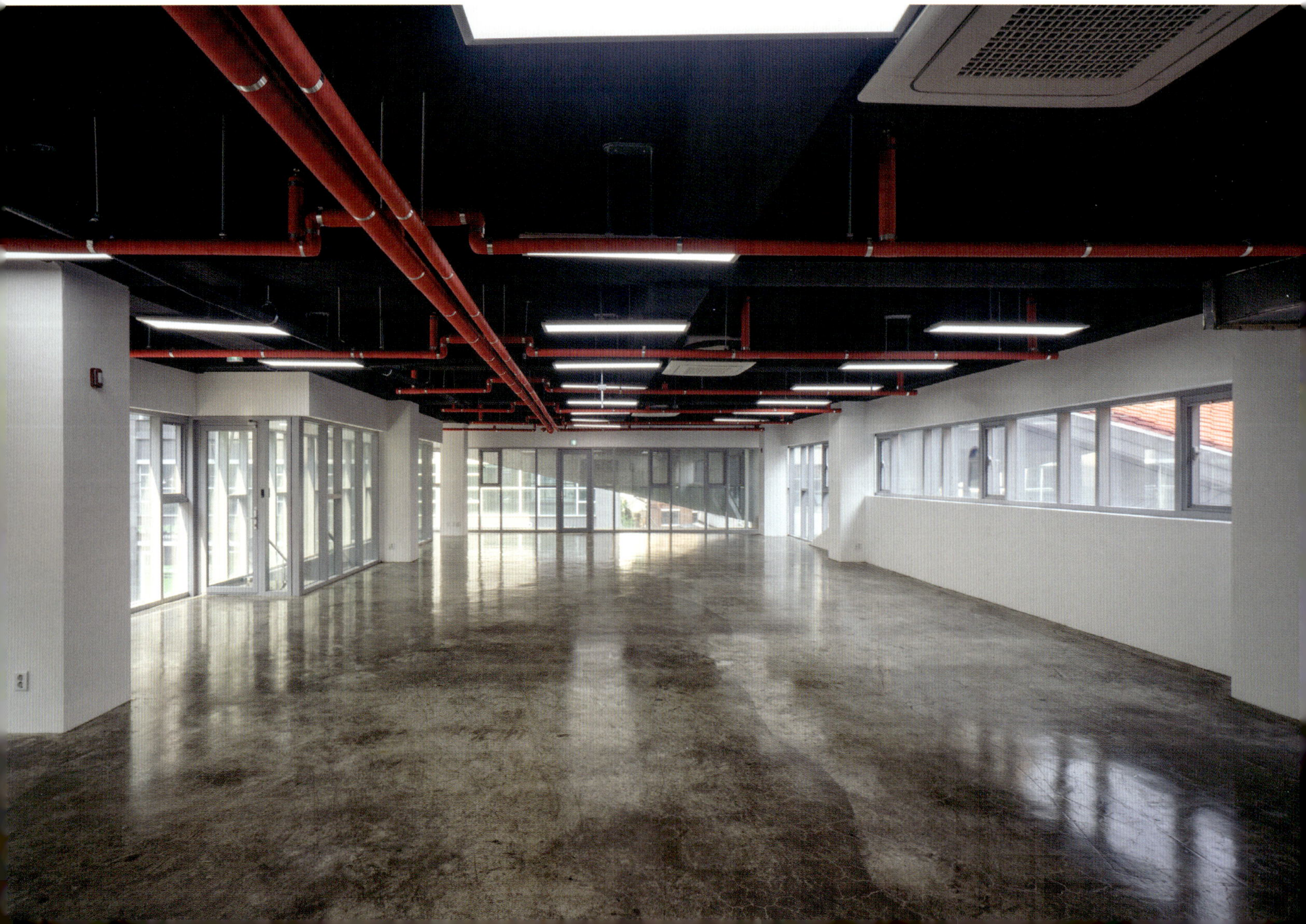

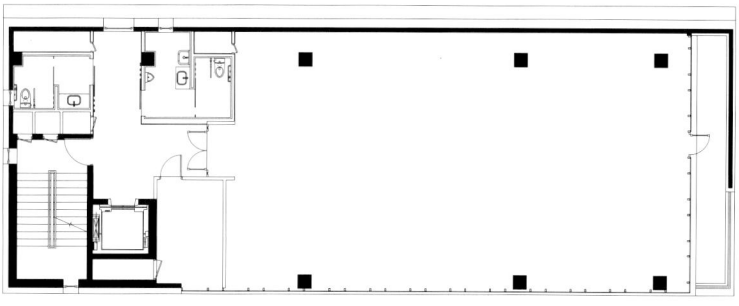

5th Floor Plan

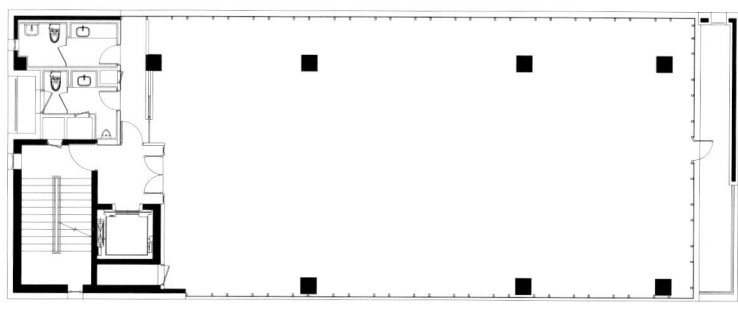

3rd Floor Plan

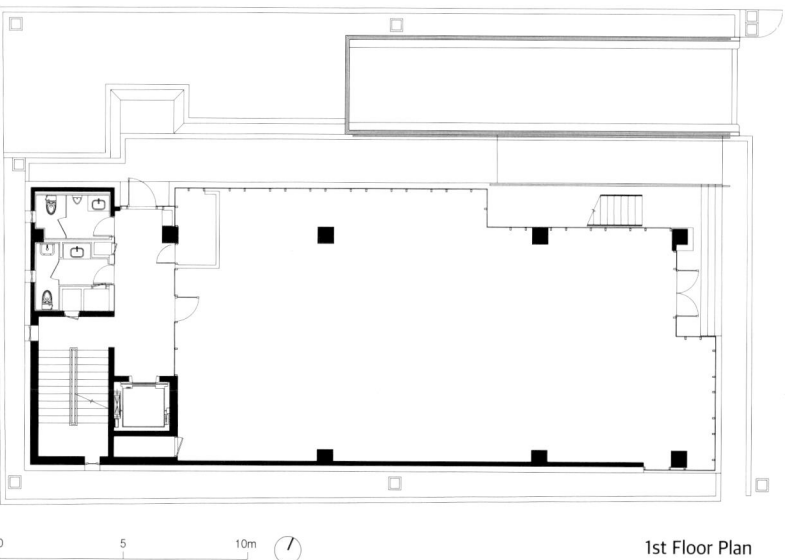

1st Floor Plan

청담동 트윈빌딩 Chungdam Twin Building

열여섯

이규환

CORNELL대학교 건축석사 및 한양대학교 건축공학부/대학원을 졸업하였다. 현재 (주)엠엑스엠 건축사사무소 공동대표 및 국민대 건축학과 겸임교수로 재직 중이다. SOM 뉴욕/시카고 오피스에서 실무를 쌓았고, 미국건축사 취득 후 귀국하여 2013년 엠엑스엠 아키텍츠를 설립하였다. 이후 국내 건축사사무소들과 협업하며 작품을 발표해오고 있다. <세듀타워>, <청담동 트윈빌딩>, <트러스톤 자산운용 사옥>, <잠원동 커피빈빌딩>, <청주 J타워>, <김해 메디컬타워> 등이 있다. <세듀타워>로 '2015 강남구아름다운 건축상'을, <청주J타워>로 '2018 청주시아름다운 건축상 금상' 등을 수상하였고, 문체부 주최 <국제건축문화교류>에서 우수교류자로 선정된 바 있다.

이옥정

한양대학교에서 석사학위를 취득하고, 2010년 삼우설계에서 독립해 마로안건축사사무소를 운영하고 있다. 삼우설계 재직 당시 <리움미술관>, <제주 섭지코지 빌라>, <뉴욕 한국문화원>, <신라호텔 리모델링>, <알제리 시디압델라 신노시계획> 등 다양한 프로젝트에 참여하였다. 사무소 개소 후에는 <Y-House>, <Floating 1>, <청라 골프빌리지> 등 다수의 단독주택 및 <트러스톤 자산운용사 사옥> <외교구락부> <청담동 트윈빌딩>, <숭의 음악당 리모델링>, <풍세 대아툴 사옥> 등 다양한 작품활동을 하고 있다. 2012년 <더스케이프펜션>으로 '포항시 건축문화상'을 수상하였고, 2015년 <세듀타워>로 '강남구아름다운 건축상'을 수상한 바 있다.

본래 교회가 있던 큰 대지를 두 개의 필지로 나누어 각각 신축 설계한 프로젝트이다. 2017년 도로사선제한이 없어지면서 4m 도로를 끼고 있는 본 대지도 용적률 상한까지 신축할 수 있게 되었고, 이에따라 기존의 단독, 다세대 등의 중저층 주거들로 이루어진 주변 컨텍스트를 가능한 해치지 않으면서 동시에 건축주의 경제적인 목표를 동시에 맞추어 줄 수 있는 건물을 설계하고자 노력하였다. 이를 위해 큰 건물 한 개를 앉히기보다 필지를 두 개로 나누어 꼬마빌딩 두 개 동을 계획하는 것이 적합하다는 판단을 하게 되었다. 또한 디자인도 매스를 분절하여 주변의 저층 건물들에게 위압감을 주지 않고 친근한 스케일로 느껴질 수 있도록 하였다. 두 건물 모두 지하 1층, 지상 7층의 규모이다. 현재 A동은 저층은 상점, 중고층은 사무소로 사용 중이며, B동은 연예기획사 사옥으로 사용 중이다.

A동(62-19번지)은 골목 안쪽에 위치하기에 사무소 등의 업무중심 입주자들이 선호하는 크기와 공간을 적용하였다. 일조사선으로 생기는 경사공간들을 공간으로 채우기보다는 테라스를 적극 도입하여 사용자들이 쾌적하게 활용할 수 있도록 유도했다. 테라스에서는 청담공원 숲과 청담동 패션거리가 내려다보이는 좋은 전망을 즐길 수 있을 것이다. 각 층별 모두 테라스를 두고 특히 3층에는 대형 테라스를 두어 여러 용도로 활용하도록 유도하고, 건물 후면에도 중정을 두어 저층 상업공간에서 활용할 수 있게 하였다. 남, 서측은 건물들이 둘러싸고 있기에 낮은 일조에 대한 고려를 하지 않아도 되었다.

따라서 바닥~천장까지 이어지는 세로로 긴 창을 균일하게 배치하여 사무소 공간의 환경에 적합하게 입면디자인을 진행하였다. B동(62-53번지)은 A동과 달리 서측의 낮은 일조가 고려 대상이었다. 이중 외피 시스템을 제안하여 이동 가능한 루버를 디자인하였다. 목재 무늬의 강판을 루버 모양으로 접어서 레일에 걸었는데, 사용자들이 필요에 따라 루버의 위치를 조정할 수 있다. 이 루버는 친환경적인 부분뿐 아니라, 4m 골목이 가지는 프라이버시 침해 요인에도 대응할 수 있는 장치이기도 하다. 또한 최상층 2개층은 복층의 스튜디오 공간으로 제안하였다. 대표의 집무실이나 예술가의 작업공간으로 생각하며 진행하였는데, 4미터 도로 건너 빌라 등에서 들여다보이는 프라이버시 문제를 해결하기 위해 이 곳에도 이중 외피를 제안하였다. 6-7층을 깨끗한 정방형 큐브 형태의 유리 매스로 제안하고, 이 위를 반투명한 '면사포'(다공의 패턴을 가진 알루미늄 패널들)로 커버하되, 시야가 트여 있는 청담패션거리 쪽은 열어 두었다. 이 패턴을 디자인함에 있어, 6층의 업무공간 사용자 눈높이와 창호와의 거리, 7층 휴게공간의 사용자의 눈높이와 창호와의 거리, 일조각 등의 요소들을 디자인의 요소로 삼았다. 이를 위해 파라메트릭 기법을 적용하여 같은 해결방안이지만, 그러나 다양한 패턴들을 제안할 수 있었고 이 중 건축주가 선호하는 패턴으로 설치하게 되었다.

Site area Total 626.90m² (A: 385.20m², B: 241.70m²) Building area Total 312.37m² (A: 192.40m², B: 119.97m²) Gross floor area Total 1934.39m² (A: 1,200.16m², B: 734.23m²) Building scope B1, 7F Building to land ratio A: 49.94%, B: 49.63% Floor area ratio A: 240.98%, B: 239.90% Completion 2017 8 Principal architect Kyuhwan Lee, Okjung Lee Project architect Kyuhwan Lee, Okjung Lee Design team Byungwan Hwang, Lucas Licari, Jiyoung Choi Interior Design Kyuhwan Lee Structural engineer MOA Structural engineerings Mechanical engineer CHUNGLIM ENGINEEING Electrical engineer DAEKYUNG ELECTRICS ENGINEERING Construction S&C CONSTRUCTION Client Jinhee Kim Photographer Hyunjun Lee

This is a project where the large site, where a church originally existed, was divided into two lots of land, and each were designed for new construction. With the disappearance of the setback regulation from road width in 2017, it was possible to newly construct this site, located along the 4-meter road, with the maximum floor space index. Furthermore, according to this, a building that does not harm the existing peripheral context, which consists of mid-to-low rise dwellings such as detached, multiplex, etc., as far as possible, and at the same time, could also meet the economic goals of the owner, was aimed to be designed. For this purpose, it was decided that it was more appropriate to divide the land into two and plan two small buildings rather than placing one large building. In addition, the design was also made to be felt in a familiar scale without coercing the surrounding low-rise buildings by dividing the mass. Both buildings have a basement level and seven stories high. Currently, in building A, the lower floors are being used as stores and the middle and upper floors are used as an office, and building B is utilized as an entertainment management company building.

As it is located inside the alley, a size and space that is preferred by business-centric residents, such as an office, etc., was applied. Rather than filling in the sloped spaces, created due to the sunlight diagonal plane, with spaces, terraces were actively introduced to induce users to use them pleasantly. On the terrace, a nice view overlooking Chungdam park forest and Chungdam fashion street can be enjoyed. Terraces were placed on every floor, and in particular, a large terrace was placed on the third floor, inducing it to be used for various purposes, and a courtyard was placed at the rear side of the building to allow the commercial spaces on the lower floors to use it. Since the south and west sides are surrounded by buildings, it was unnecessary to take the low sunlight into account.

Therefore, the elevation design was proceeded by uniformly arranging vertically long windows that are continued from the floor to the ceiling.

Unlike building A, for building B (house number 62-53), the low sunlight was an object for consideration. A movable louver was designed by proposing a double-skin facade system. Steel plates with wooden patterns were folded and hanged on the rail in the shape of louvers, and users can adjust the position of the louvers as necessary. The louvers are not only eco-friendly but are also devices that can respond to the main cause of privacy infringement of the 4-meter alley. Furthermore, the top two floors were proposed as a split-level studio space. It was proceeded with a CEO's office or artist's workspace in mind, but in order to solve the privacy problem of being visible from the villas, etc., across the 4-meter road, a double-skin facade was proposed here as well.

The sixth to seventh floors were proposed as a glass mass in the form of a clean square cube, and the top was covered with a semitransparent 'veil' (aluminum panels with a perforated pattern), but the Chungdam fashion street side, where the view was open, was left unclosed. In designing this pattern, elements such as the distance between the eye level of the users of the sixth-floor work space and the windows and doors, the distance between the eye level of the users of the seventh-floor resting space and the windows and doors, sunlight angle, etc., were regarded as the design factors.

Although it is also a solution plan as a parametric method was applied for this, it was possible to suggest various patterns, and among these, the patterns that were preferred by the owner were installed.

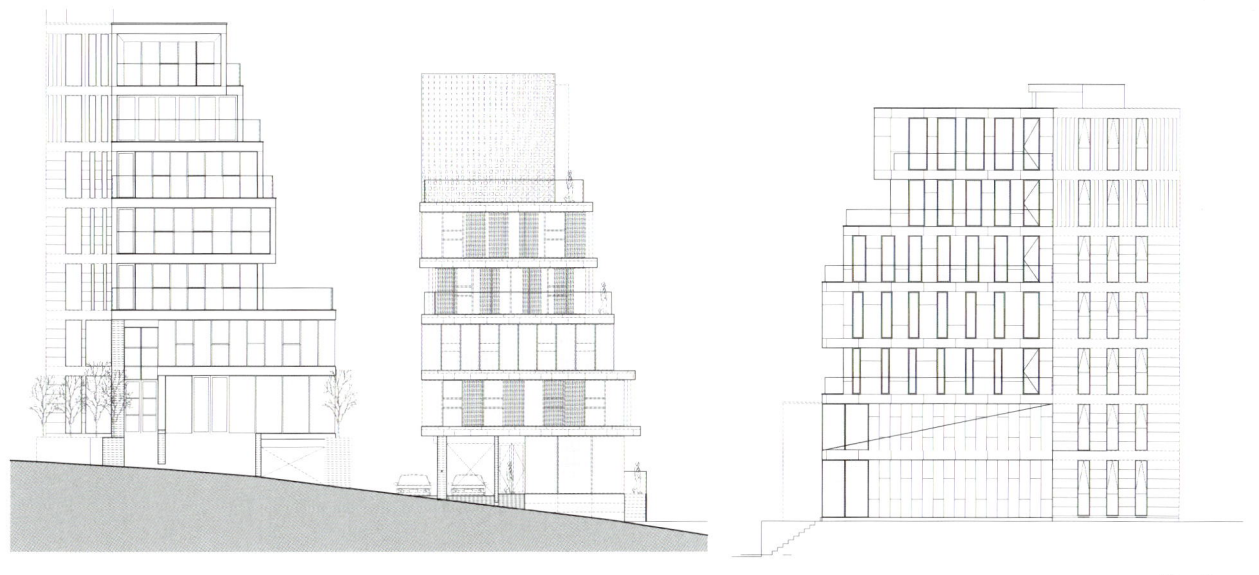

Elevation

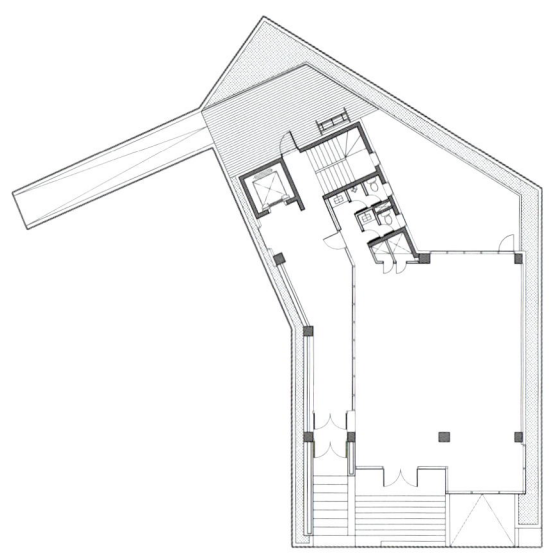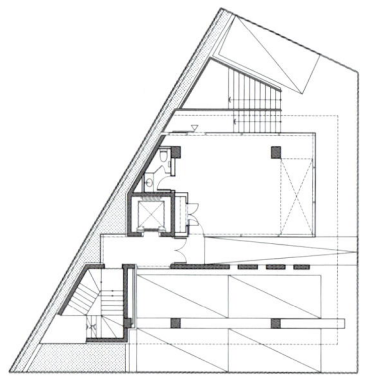

1st Floor Plan

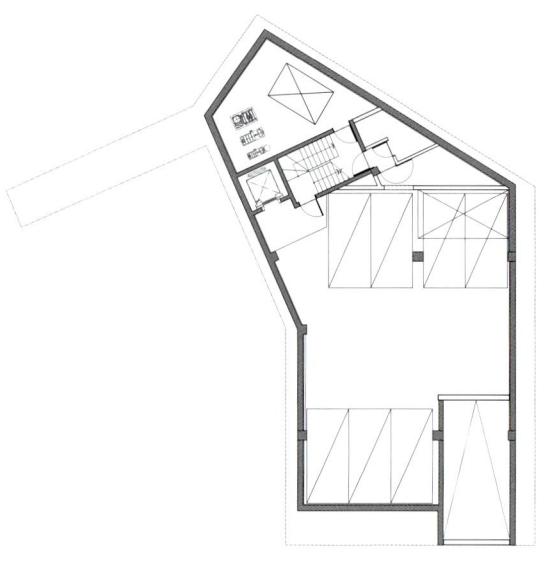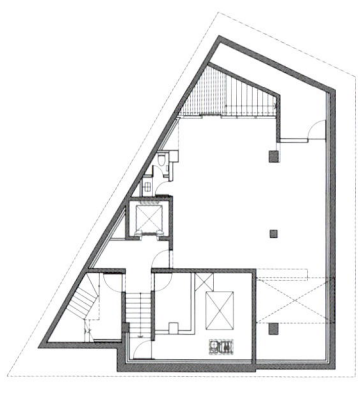

B1 Floor Plan

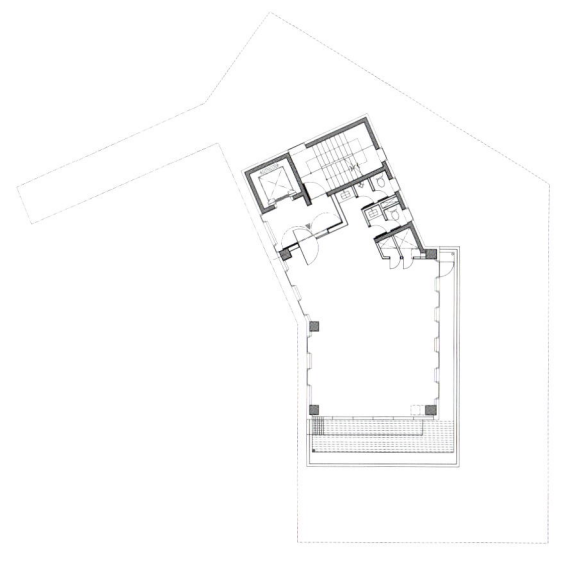

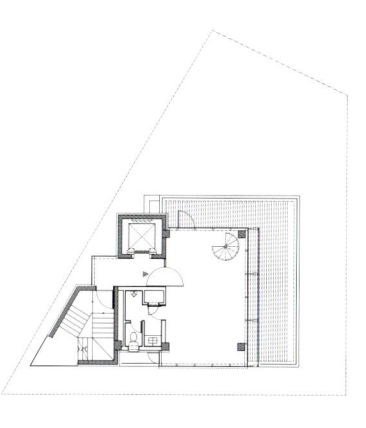

6th Floor Plan

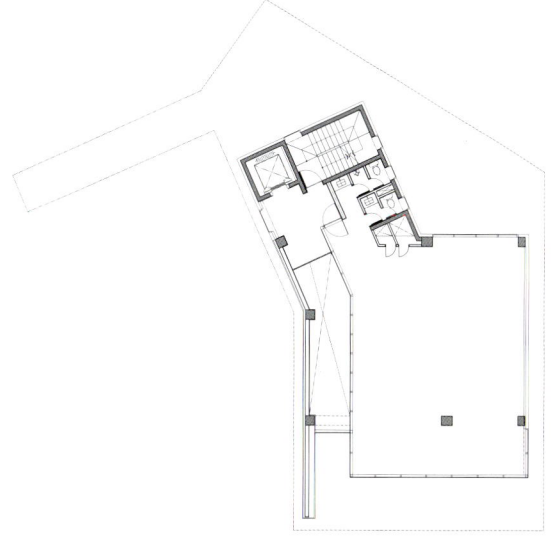

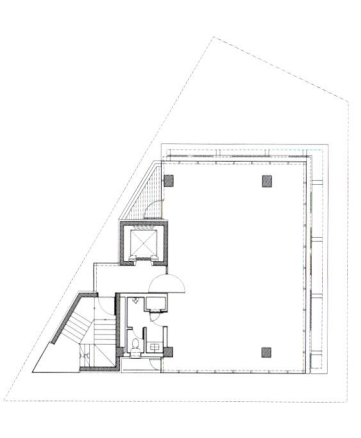

2nd Floor Plan

유니시티 – 카버코리아 연구소
UNICITY – CARVER KOREA LAB.

염일관

D-WERKER Architects

윤훤

경희대학교와 동대학원에서 건축공학과정을 졸업한 후 건축설계 실무를 경험하였다. 다년간 대학에서 교수로 재직한 뒤, 2009년 독일로 건너가 베를린공대에서 Urban Management Program을 졸업하였다. 귀국 후 2014년부터 이지은과 함께 D-Werker Architects를 설립하여 건축작업을 하고 있다.

이지은

숭실대학교와 동대학원에서 건축공학과정을 졸업한 후 건축설계 실무를 경험하였다. 2007년 동대학원에서 박사수료 후 2009년 독일 베를린공대(Technische Universität Berlin)의 객원연구원 자격으로 Urban Design분야에서 건축도시관련연구를 진행하였으며, 2013년 베를린공대 Urban Management Program의 이학석사(M.Sc.)를 취득하였다. 귀국 후 윤훤과 D-Werker Architects에서 건축설계 프로젝트를 진행하고 있다. D-Werker Architects를 설립하여 건축작업을 하고 있다.

대흥동 Daeheung-dong, Mapo-gu, Seoul

보편적인 도시풍경 속에서 아이덴티티를 확보하기 위한 전략적 형태의 Unicity는 화장품 기업인 Carver Korea의 사옥이자 연구소이다. Carver Korea는 최근의 기업 성장세를 사옥을 통해 과시하고 싶어한다. 하지만, 마포에 자리잡은 대지의 환경은 도시 풍경 속에서 건물을 드러내기 힘든 환경이었다. 물리적으로 대지는 도로를 따라 위치한 근린생활시설 군의 이면에 자리하고 있어 인지될 수 있는 시점을 찾기가 어렵다. 또한, 법에서 정해진 용적, 층수, 높이의 제한 등으로 인해 건물이 자리할 수 있는 위치는 제한적일 뿐 아니라, 1층을 주차장으로 내어줄 수밖에 없는 상황이었다. 이러한 상황들 속에서 인지될 수 있는 건물의 디자인을 찾아내는 것이 가장 중요했다.

Unicity는 도시의 일상적인 풍경과 대별되는 건축적 형태를 취함으로써 건축물, 나아가서 기업의 아이덴티티를 확보하기 위한 전략에서 시작되었다. 형태는 법의 한계선 속에서 확보 가능한 용적을 기반으로 시각적인 강조점들이 파생될 수 있도록 조정되었다. 형태의 조정을 통해 우리는 각 층에서 이용 가능한 외부공간을 제공할 수 있게 되었는데, 다른 층에 자리잡은 부서들과의 독립성을 유지해야 하는 기업 업무의 특성을 반영한 것이다. 또한, 지상을 주차장으로 내어주면서 확보하기 어려워진 외부공간들을 공중에 띄워진 외부공간들로 치환해 가는 전략이었다.

Unicity의 전체를 감싸고 있는 노출콘크리트는 건축물의 골조 그 자체를 드러내고자 했다. 어떤 면에서 보면 다른 재료가 개입되지 않은 순수한 콘크리트의 표면은 화장을 하지 않은 피부를 드러내는 것과 같은 맥락으로 이해할 수 있다. 이는 피부의 본질을 개선하는 제품에 주력하는 기업의 특성을 건축물에서 나타내어 아이덴티티를 만들어내는 또 하나의 전략이다.

이러한 Unicity의 형태적 특성과 공간은 도시의 일상적인 풍경과 마주하는 사람들에게 시각적인 흥분을 던져 주어 기업의 아이덴티티를 획득하는 매개체가 될 것이다.

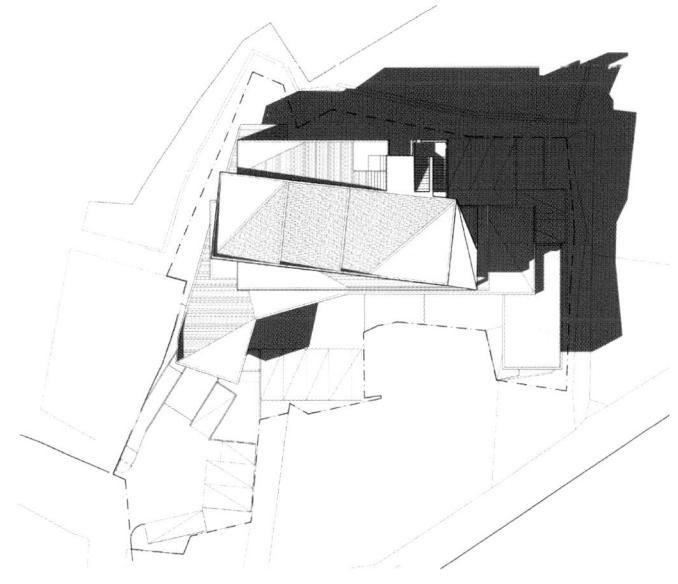

Site Plan

Site area 1,154.19m² **Gross floor area** 1,961.91m² **Building scope** B1, 5F **Height** 24.26m **Building to land ratio** 46.49% **Floor area ratio** 157.76% **Completion** 2017 **Structure** Reinforced concrete **Finishing materials** Pine board, exposed concrete, low-e triple glass **Design period** 2015. 8 - 10 **Construction period** 2015. 10 - 2017. 1 **Client** Sang Rok Lee **Photographer** Inwoo Yeo

Unicity is the headquarters and research center of Carver Korea, a cosmetic business in South Korea. Carver Korea wants to make a splendid building design to show recent growth of the company.
However, the condition of the site, located in Mapo, one of the old sections in Seoul, makes hard to design a building to be distinguished in urban scenery. Regarding physical environment of the site, the significantly irregular shaped site locates behind buildings consisted of ordinary neighborhood living facilities. Briefly, the site is hardly visible in surroundings, especially from main streets of City. In addition, due to the legal limitations, the building can be put in only small part of the site, and ground level has to be planned for parking lots. Hence, it was essential for us how to make the building have a standout image within these restrictions.

At the beginning phase of the project, we took architectural strategy named 'unicity' to obtain 'Identity' of the building by making a unique shape which could be distinguished with surrounding urban scenery. Based on the volume which could be defined by the legal condition, it was adjusted to generate visually distinctive scene from the specific points of the street. With the modification of the building form, we could provide independent outside space for each floor to reflect the peculiarities of the research center that is important to be autonomous with other layers. Moreover, it aimed to replace green spaces, which cannot be provided on the ground, into rooftop gardens.

In terms of material, we used pine board exposed concrete as the overall material which could show the framework of the building. In some ways, showing uncovered surface of concrete could be understood in the same context as revealing human skin without makeup. It was another strategy to make the identity of the building which reflects the characteristics of Carver Korea, mainly developing aesthetic products improving the essence of skin.
In the long run, morphological characteristics and space of Unicity will be a medium to acquire the identity of Carver Korea by giving visual excitement to people facing the ordinary urban scenery.

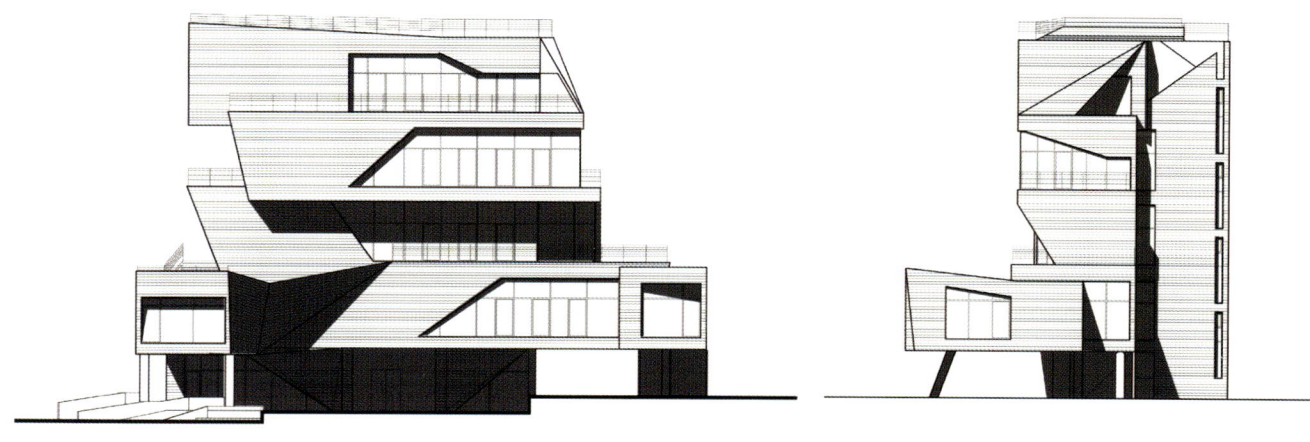

0 5 10m

Elevation

153

1 ENTRANCE
2 LOBBY
3 OFFICE
4 TOILET
5 PARKING LOT
6 PEDESTRIAN

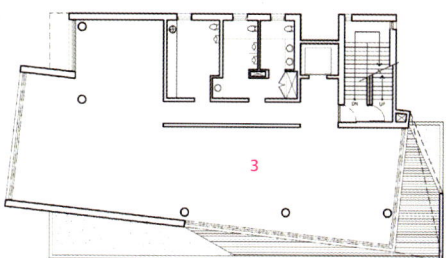

5th Floor Plan

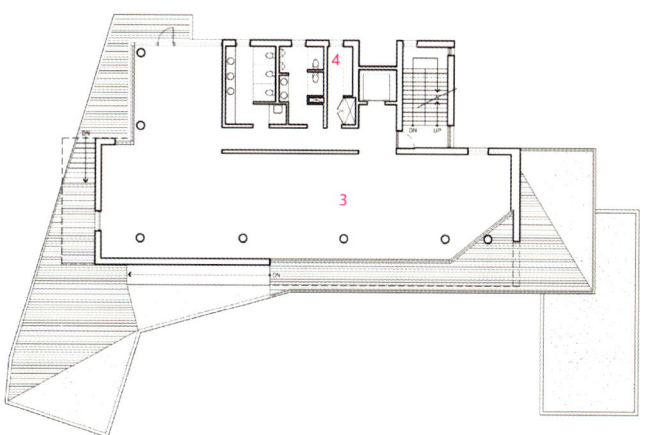

3rd Floor Plan

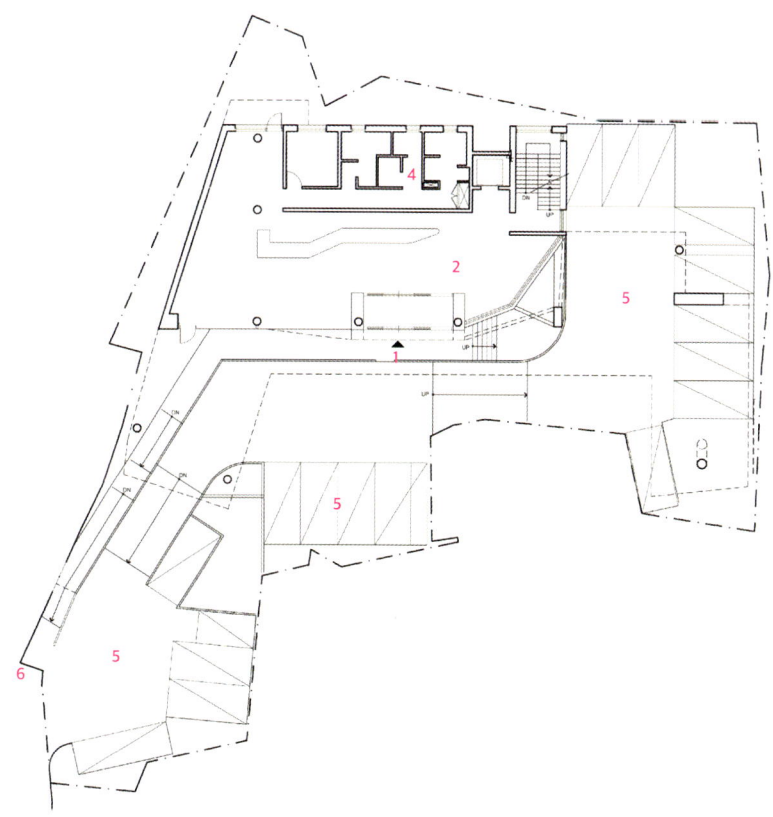

1st Floor Plan

플랜아이 신사옥 Plan-i Headquater office

영업팀

조한재

건국대 건축전문대학원을 졸업하고, 아이아크 건축사사무소, 정림건축, dmp건축 등에서 실무를 쌓았다. 2016년 건축사사무소 예하파트너스를 개소하여 대표를 맡고 있다. 도시와의 관계에서 잠재된 가능성을 추출해 가는 방법론을 통해 다양한 건축적 방향성을 제시하는 것을 목표로 하고 있다. 주요작업으로 배재대 국제교류관, 한강예술섬조성사업, ifez 아트센터, 7017서울역 고가공원, 플랜아이 신사옥, 목포 조선내화공장 마스터플랜, 대치동 대원빌딩, 박을복 자수박물관 등이 있다.

건축사사무소 예하파트너스
YEHAPARTNERS ARCHITECTS.

문지동 유성구 대전
Munji-dong, Yuseong-gu, Daejeon

AROPA라는 키워드는 플랜아이의 기업 철학으로 본 프로젝트를 끌고 가는 큰 화두였다. 플랜아이는 대전의 젊은 IT기업으로서 구성원들 간의 권위 없는 수평적인 인간관계를 추구함과 동시에 조직의 창의성을 최대한 표출하기 위해 끊임없이 고민하는 기업이다. 플랜아이는 단순하게 실적을 올리기 위한 기존의 전통적이고 생산적이고 효율성만 추구하는 공간을 요구하는 것이 아닌 사람과 사람이 만나고 기업과 지역 사회와 공존 할 수 있는 크리에이티브 하고 격이 없는 유연한 공간의 설계를 요청하였다. 이 키워드를 가지고 먼저 회사의 모든 구성원이 원하는 시설 및 요청사항들을 몇 차례의 설문조사와 사례조사를 통해 유형화시키고 구체화 시킨 후에 몇 가지 건축적 전략을 제시하였다.

a) Aropa Space : 기업이라는 프라이빗한 성격의 영역을 최대한 약화시키고, 퍼블릭한 프로그램(Coworking space/ 카페/ 오픈 대강당)의 배치를 통해 지역사회와 조우하는 오픈 공간 계획
b) Universal Space : 벽체 등의 물리적 공간 구획을 최소화하고 전기/통신 등의 모든 설비를 천장에서 연결(free floor plan) 하도록 계획하여 끊임없이 변화하는 조직의 특성을 반영하고, 자리 배치의 유연성을 확보하도록 가변적 공간을 계획
c) Interactive Space : 회사 구성원들이 자유롭게 커뮤니케이션 할 수 있는 공간의 배치

본 대지는 대덕연구특구에 위치하였지만, 산업용지로 분양되어, 주변의 신축건물들이 기능적이고 산업적인 성격으로 계획되어 경직된 입면과 수직형 형태의 타워로만 계획된 곳이 많다. 새로 생성된 도시지만, 사람의 심리적 접근이 어려운 폐쇄적 도시 풍경을 가지고 있다. 우리는 먼저 내부 공간의 유연성을 확보하고 도시와 내부공간의 퍼블리티를 확보하기 위해 대지가 허용하는 건폐율상의 최대한 넓은 평면을 계획하여, 상대적으로 3개 층의 낮은 매스로 구성 한 후, 1층부에 아로파 카페 및 아로파 계단 대강당과 넓은 필로티 주차장과 같은 공용프로그램을 저층부 도시가로에 노출시켜 도시로의 개방감과 공공성을 확보하고자 하였다. 이 공간은 전체 건물의 중심 공간이 되며, 이 오픈 공간을 중심으로 플랜아이 업무시설 및 창업 인큐베이터 사무실과 기타 임대 오피스들이 위계없이 배열되고, 모든 동선은 자연스럽게 흘러가며, 동선의 중간중간의 결절점에는 투명한 회의실과 기타 편의시설들이 배치된다. 이곳에서 보이는 사무실의 풍경은 다양한 프로그램의 성격들이 믹스되고 교류하는 사람으로 채워지는 공간이다. 사람의 패턴과 조직의 성격에 의해 배치는 자유롭게 조절될 수 있으며, 전통적인 모듈러한 사무실이 아닌 오픈 오피스로 계획되었다.

Site area 1,980.07m² Building area 1,375.44m² Gross floor area 1,973.27m² Building to land ratio 69.46% Floor area ratio 99.66% Design period 2016. 3 - 7 Construction period 2016. 8 - 2017. 4 Principal architect Hanjae Zo Design team Kyungho Kim, Jonghyuk Park Structural engineer MIDO STRUCTURAL CONSULTANTS Mechanical engineer AMIN Engineering Electrical engineer DAEYANG E&C Costruction ShinWoo Construction Client Plan-I Photographer Kyungsub Shin

The keyword AROPA was a major theme in leading this project as a corporate philosophy of "Plan-I." "Plan-I," as a young IT company in Daejeon, is a corporation that constantly struggles to maximize the creativity of its organization while seeking a horizontal relationship without authority between its members. "Plan-I" requested a creative, intimate, flexible space design that allows people to meet people and the company coexist with local communities instead of demanding traditional productiveness and efficiency-only space for an improve performance. This keyword was first used to formulate and refine the facilities and requirements of all members of the company through several questionnaires and case studies, and then several architectural strategies were presented.

a) Aropa Space: An open space plan that weakens the private nature of the company as much as possible and encounters the local community through the generation of public programs such as coworking space, a café, and an open auditorium.
b) Universal Space: Minimize the physical space divisions such was walls and plan all utilities such as electricity and communications to be connected through the ceiling (free floor plan) to reflect the characteristics of the constantly changing organization and plan for a variable space to ensure the flexibility of seat layouts.
c) Interactive Space: Space arrangement for free communication among company members.

Although the site is located in the Daeduck Research and Development Area, it will be sold as an industrial land and the new buildings in the surrounding area are planned with functional and industrial characteristics so that there are only a rigid elevation and vertical type towers. It is a newly created city, but it has a closed city landscape where the psychological access of people is difficult. We first planed the largest possible plane of building coverage rate that the site allows to ensure the flexibility of the interior space and the public access to the city and interior space. It was constructed with three relatively low masses and included public programs such as the Aropa café and the Aropa Stairway Auditorium on the first floor and a wide piloti parking lot, which was located on the ground level to obtain a sense of openness and public access to the city. This area becomes the center space of the whole building. Centered on this open space, "Plan-I" offices and a startup incubator office, and other lease offices are arranged without hierarchy. All the walking routes flow naturally and there are transparent meeting rooms and other convenient facilities at the contact points of the hallways. The office landscape here is a space filled with people who mix, interact, and are involved with various programs. Due to the work patterns of the people and the nature of the organization, the layout can be freely adjusted and planned as an open space rather than the traditional modular offices.

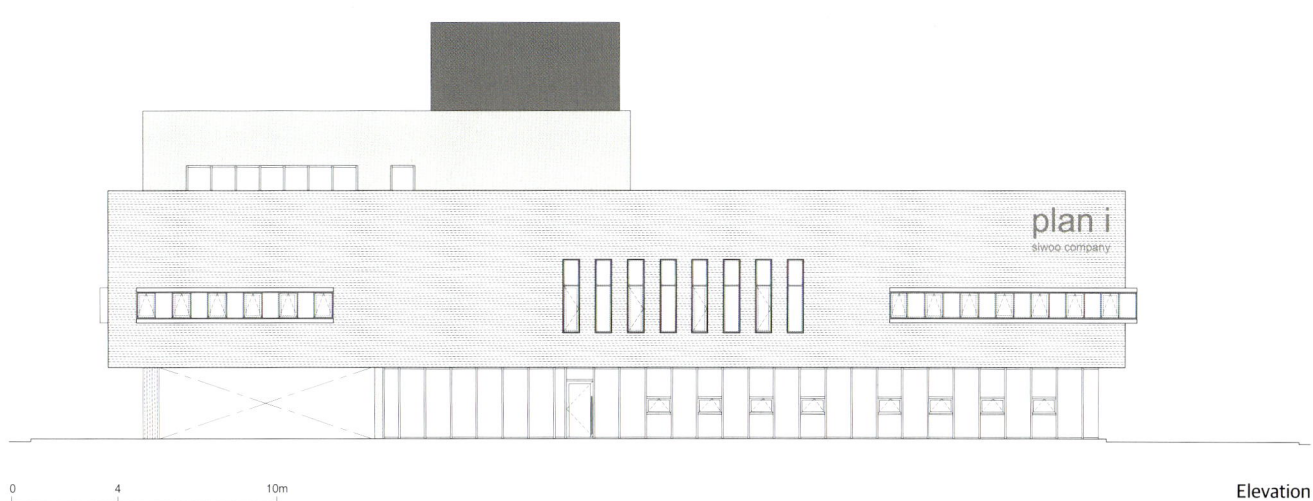

Elevation

1 LOBBY
2 PARKING
3 STORAGE
4 MEETING ROOM
5 PLANNING TEAM
6 DESIGN TEAM
7 ROOFTOP YARD

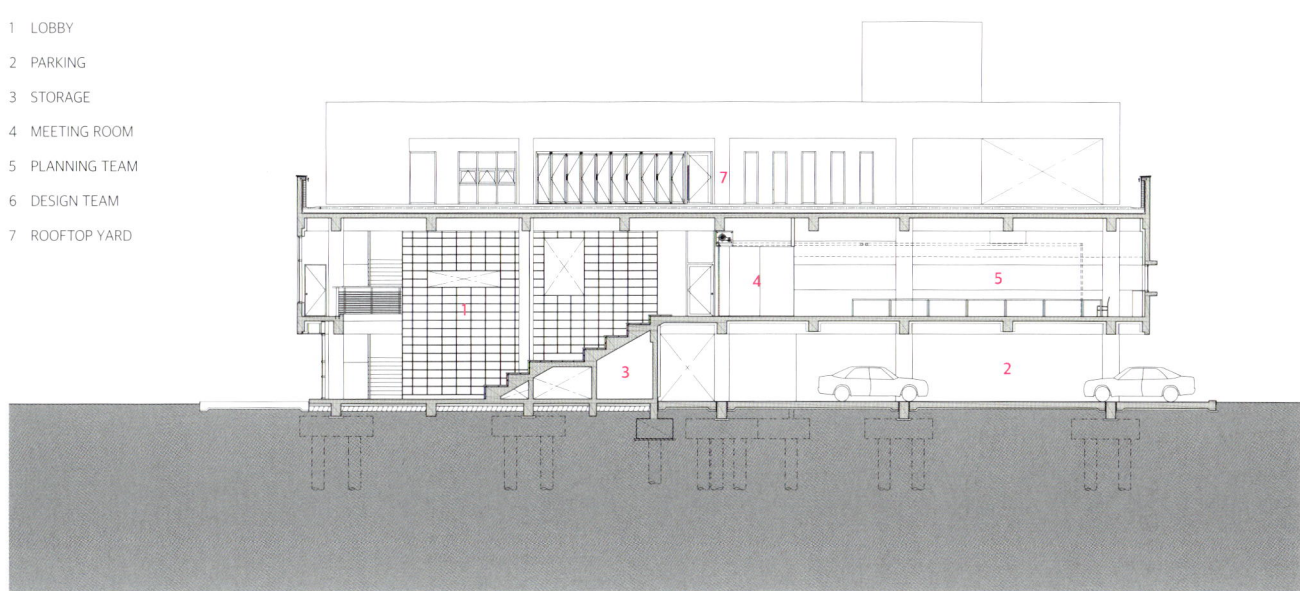

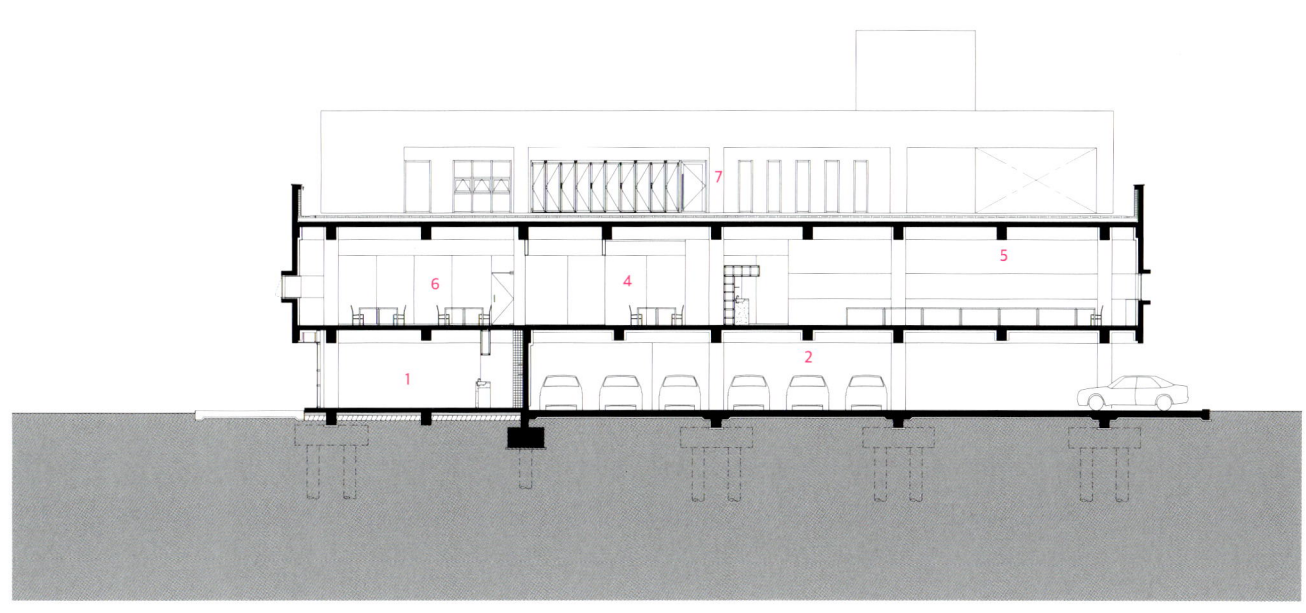

Section

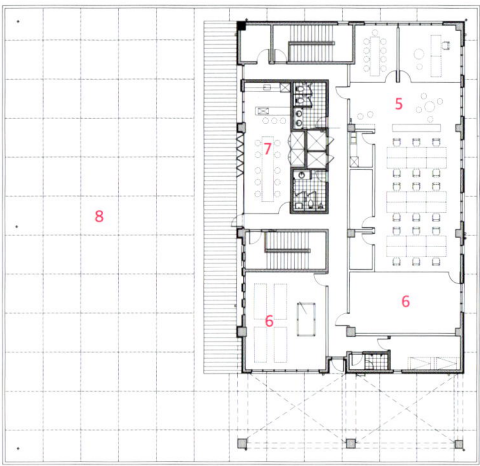

3rd Floor Plan

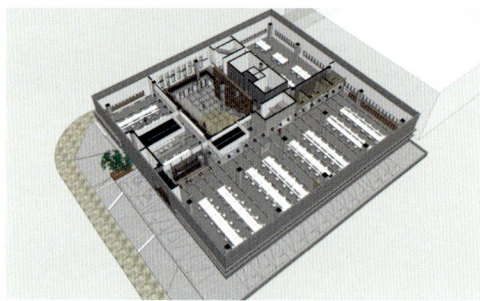

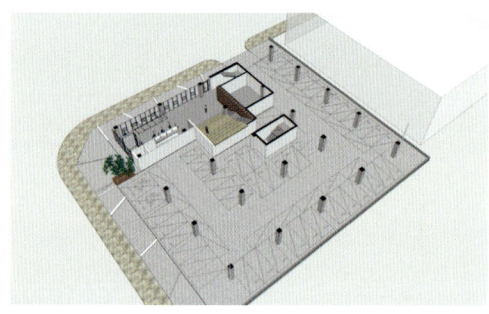

Diagram

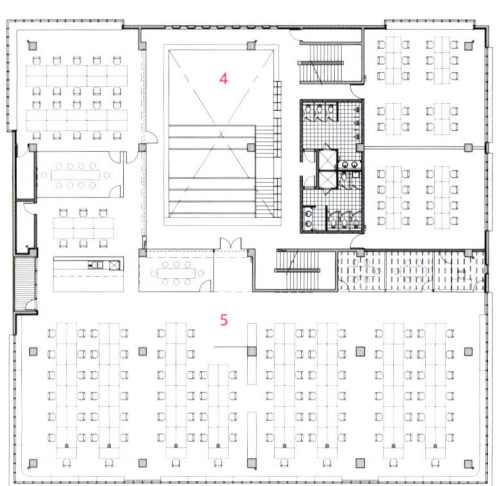

2nd Floor Plan

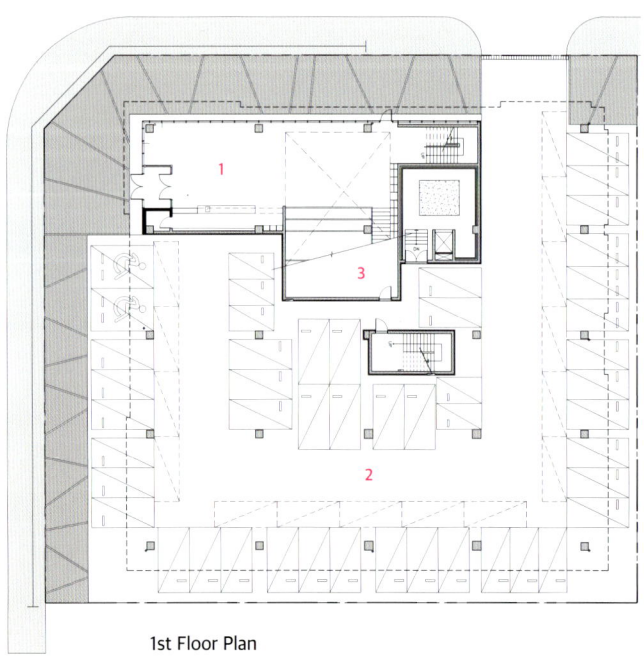

1st Floor Plan

0　　4　　10m

1　CAFE
2　PARKING
3　STORAGE
4　LOBBY
5　OFFICE
6　LOUNGE
7　RESTAURANT
8　ROOFTOP YARD

유한테크노스 신사옥 YUHANTECHNOS HQ office

영아트

MMKM 어소시에이츠 MMKM associates

민서홍

민서홍 대표는 2013년 MINIMAX architects를 설립하고 현재까지 건축과 도시 사이에 토탈 디자인 솔루션을 탐색하고 있으며, 동시에 홍익대학교와 이화여자대학교에서 건축설계와 도시설계를 가르치고 있다.

2016년 새로운 디자인 브랜드 MMKM associates를 KM architects의 김세경 대표와 공동으로 설립하여 다양한 그룹의 전문가들과 함께 협력함으로써 공간 디자인을 기본으로 가구, 설치미술, 실내 건축, 건축 및 도시설계의 광범위한 영역을 넘나들며 활동하고 있다.

University of California at Berkeley에서 건축 설계학 석사를 전공하였고, Columbia University에서 도시설계학 석사를 전공하였으며, 졸업 후 뉴욕 맨해튼에 소재한 SOM (Skidmore Owings & Merrill, LLP) 국제 프로젝트 팀의 아시아 섹션에서 프로페셔널 아키텍트로 근무하였다.

2013년 이래로 양평군 종합도시개발, 안성 첨단농업 연구시설과 같은 마스터플랜, 유한 테크노스 신사옥, 붕은사로 오피스와 같은 업무시설, 황학동 근생주택, 평택 Y하우스와 같은 주거시설, 신흥합밸리 창업지원센터, 마리아 산탄젤로 부티크와 같은 인테리어 프로젝트, 재생길, 만화경과 같은 다수의 설치미술 프로젝트들을 진행하였다.

서울특별시 강서구 마곡동 Magok-dong, Gangseo-gu, Seoul

2015년 4월, 물류유통의 IT 솔루션을 제공하는 중견기업 (주)유한테크노스가 본사 사옥 신축 프로젝트를 의뢰했다. 의뢰인을 만나기 위해 문래동 아파트형 공장에 위치한 사무실을 방문했을 때, 건물의 폭과 깊이가 길고 천장고가 낮아 업무 공간 중앙에서 근무하는 근로자들의 업무환경이 열악하다는 것을 느꼈다.

신축 사옥의 대지는 강서구 마곡지구 D17-7, 사거리 북동쪽 코너에 위치하며 남서향을 바라보고 있어 사무실로서는 불리한 입지 조건을 가지고 있다. 또한, 상대적으로 규모가 큰 대지들에 근접하여 건물이 왜소하게 보일 가능성이 높았다. 그럼에도 불구하고 아직 별다른 건물이 들어서지 않은 주변 대지 조건은 건축가에게 자유로운 상상을 가능하게 했다.

성장하고 있는 중견기업 사옥의 위상에 맞는 품격을 갖춘 공간을 계획하기 위해 업무 공간과 서비스 공간을 분할하고 그 사이를 1, 2층의 아트리움, 3, 4층의 중정으로 연결하였다. 2층은 아트리움 밖으로, 4층은 중정 위로 브릿지를 연결하여 각 층마다 외부 휴게 공간을 구성하였다. 또한 업무 공간의 깊이를 줄이고 천장고를 높이며, 안쪽 공간은 아트리움과 중정을 면하게 하여 업무 공간 어디에서도 충분한 개방감을 느낄 수 있게 하였다.

남서쪽에서 입사되는 오후의 강렬한 태양을 막기 위해 정확히 남서쪽 코너를 향해 긴 육각형의 알루미늄 시트를 배치하고 그 사이를 유리가 연결하며, 서측 파사드는 유리면이 북서쪽을 향하도록 남측 파사드는 유리면이 남동쪽을 향하도록 구성하였다. 결과적으로 건물의 남서쪽 코너에서 바라보면 서측과 남측 파사드가 정확히 좌우대칭을 이루는 오리가미(종이접기) 형태가 된다. 외관의 형태가 만들어내는 이미지는 시각에 따라, 시간에 따라, 기상조건에 따라 변화한다. 또한, 알루미늄 시트와 유리는 태양과 하늘의 조화에 조우하며 그 변화를 더욱 배가시킨다.

결국 움직이지 않는 건축물의 형체가 상황에 따라 새로운 이미지를 끊임없이 생산하는 현상이 발생한다. 근본적으로 물리적인 실체를 만들어내는 건축 작업의 결과물이 환경과 상황에 따라 서로 다른 이미지를 창출할 수 있다면 그 이미지를 소비하는 익명의 개인은 재생산을 위한 서로 다른 오픈소스를 확보하게 되며 이것이 다시 온라인 매체상에서 소비와 재생산의 과정을 통해 증폭되어 또 다른 의미와 가치를 갖는 현상을 기대할 수 있다.

결국, 현대건축에 있어서 이미지는, 특히 외관이 만들어 내는 이미지는 이제 익명의 대중이 쌍방향 커뮤니케이션을 할 수 있는 오픈소스로서 다시 말해 공공재로서 기능한다. 그럼으로써 건축물은 대중에게 아이덴티티를 확보하게 되며 대중은 이미지의 소비자와 생산자로서 건축물을 향유할 수 있게 된다.

Site area 951.00m² **Building area** 418.17m² **Gross floor area** 2,941.97m² **Building scope** B2, 4F **Height** 23.90m **Building to land ratio** 43.97% **Floor area ratio** 156.57% **Design period** 2015. 5 - 12 **Construction period** 2016. 5 - 2017. 10 **Principal architect** Seohong Min, Architect of Record ONEAN architects & associates **Design team** Arnold Ghil **Client** YUHANTECHNOS.CO.,LTD. **Photographer** Hanul Lee

On April 2015, Yuhantechnos Co., Ltd. a middle-sized company providing IT solutions of logistics distribution has commissioned a new head office building project. To meet the client, when I visited the office located in an apartment-type factory in Mullae-dong, I found the typical problem of the apartment-type factory that as the width and depth of building is long and the ceiling height is low, the working environment of workers in the center of business space is becoming poor.

The site of new building is located in the north-east corner of crossroad, D17-7, Magok district, Gangseo-gu, Seoul, looking toward south and west which is disadvantageous location condition as an office. In addition, as it is close to relatively big scaled sites, it seems that the building may look small. Despite of that, the neighboring land condition that is completely empty without other buildings enables architect to imagine freely.

To design the space with dignity for the HQ. building of the growing middle-sized company, I divided the office area and service area and connected them by an atrium of the first floor and second floor and a courtyard of the third floor and fourth floor. By connecting the bridge outside of the atrium on the second floor and over the courtyard on the fourth floor, I provided the outside resting space at each floor. In addition, I made workers feel the sufficient openness in any space of office area by reducing the depth of the space and raising the height of ceiling and making the inside space facing the atrium and courtyard.

To prevent the strong sunlight in the afternoon from south-west, I arranged a series of long hexagonal aluminum sheets toward south-west corner correctly and connected the other series of glasses among them, and the glass part of the west façade faces north-west and that of the south façade faces south-east.

As a result, looking at the building from south-west corner, the building becomes origami shape that west façade and south façade are correctly symmetric.

The image created by the appearance of the building is changing according to the view, time and climate condition. The building appearance with lookingfolded origami shape produces very changeable image according to the position of viewer. In addition, aluminum sheet and glasses encounter the harmony of sun and sky which doubles the change. As a result, the shape of stationary building produces new images

1 OFFICE
2 CORRIDOR
3 COURTYARD
4 LOBBY
5 SERVER ROOM
6 ELEVATOR HALL
7 PARKING LOT

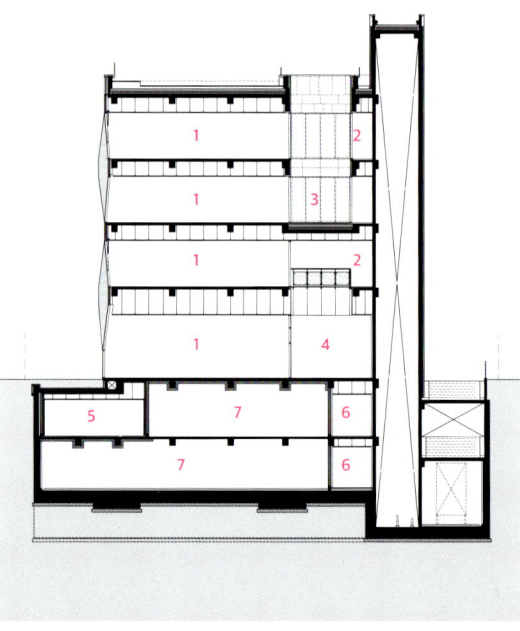

Section

continuously according to the situation.

The contemporary society enabled interactive communication that anyone can produce and consume images easily through online media. The images produced through this process are reproduced, consumed and amplified continuously which finally create the meaning and value beyond the text. If the output of architectural work basically producing the physical object can produce different images according to environment and situation, the anonymous individual who consumes these images can secure different open sources for reproduction. And then we can expect the phenomena that images can be amplified through the process of consumption and reproduction on the medium and generate different meaning and value.

Eventually, images in contemporary architecture, especially the images created by the façade are open sources that anonymous publics can make interactive communication, which can function as public goods. Thus, the building becomes to secure the identity from the public and the public can enjoy the building as consumer and producer of the image.

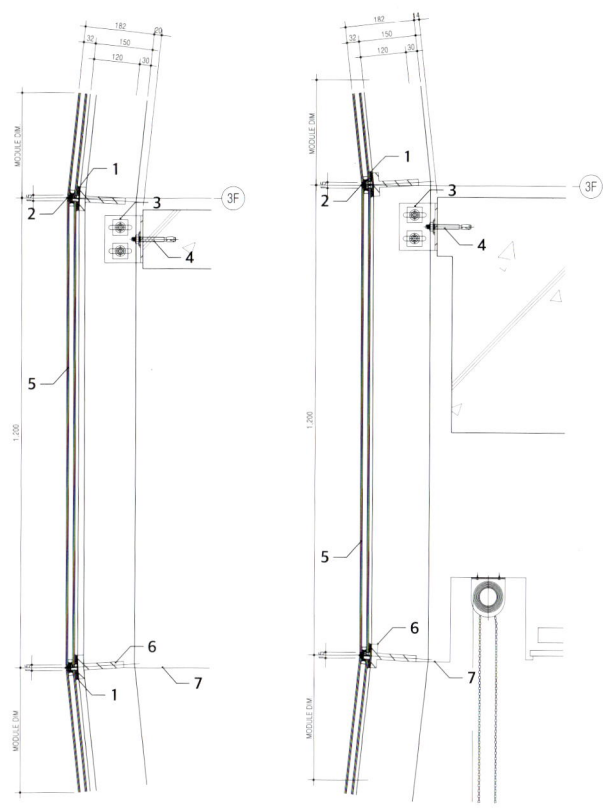

Detail

1 STRUCTURAL SILICONE SEALANT&NORTON TAPE
2 WEATHER SILICONE SEALANT W/BACK UP ROD
3 ST'L BRACKET
4 M12, ST'L SET ANCHOR BOLT
5 24THK, PAIR GLASS
6 T-BAR(KBM S1400 SERIES) ST'L FRAME
7 CEILING LINE

1 LOBBY
2 TOILET
3 LOUNGE
4 OFFICE
5 ELEVATOR HALL
6 CORRIDOR
7 MEETING ROOM
8 BRIDGE
9 COURTYARD

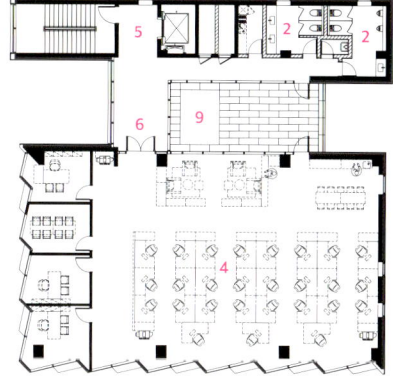

3rd Floor Plan

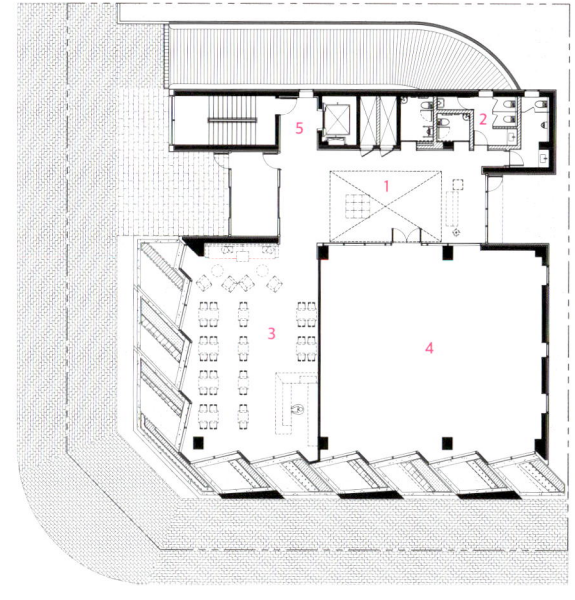

1st Floor Plan

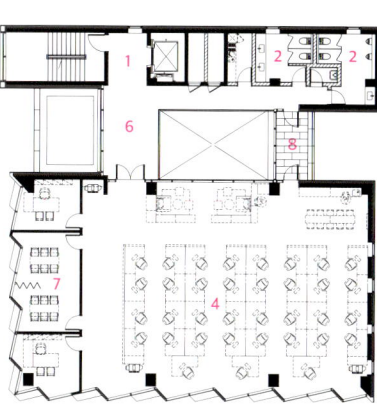

2nd Floor Plan

스물	아이타워 I Tower 키아즈머스 파트너스 건축사사무소 CHIASMUS PARTNERS, INC	스물 다섯	나이스그룹 본사사옥 NICE GROUP HEADQUARTER ㈜범 건축종합건축사사무소 BAUM Architects, inc.
스물 하나	트러스톤 자산운용 사옥 TRUSTON ASSET Building 엠엑스엠 아키텍츠 + 마로안 건축사사무소 MXM ARCHITECTS + MaroAn Architects & Associates	스물 여섯	한국광물자원공사 KORES New Headquarters ㈜창조종합건축사사무소 Chang-jo Architects
스물 둘	도이치 모터스 BMW 본사 Deutsch motors BMW Head Office ㈜신한종합건축사사무소 Shinhan architects & engineers	스물 일곱	IBK파이낸스타워 IBK FINANCE TOWER ㈜나우동인건축사사무소 NOW ARCHITECTS
스물 셋	명신 AUTO 사무동 증축공사 MYEONGSHIN AUTO OFFICE EXTENSION 건축사사무소 어반엑스 URBANEX ARCHITECTS & ASSOCIATES	스물 여덟	파르나스타워 Parnas Tower ㈜창조종합건축사사무소 + KMD건축 Chang-jo Architects + KMD Architects
스물 넷	마포우체국 Post Tower Mapo ㈜행림종합건축사사무소 HAENGLIM ARCHITECTURE & ENGINEERING		

업무시설 세 번째

3,101㎡ - 220,000㎡

아이타워 | I Tower

논현

이현호

이현호 교수는 홍익대학교 건축대학의 실내건축학전공을 설립하고 교수로 재직 중이며,
키아즈머스의 파트너로서 교육 및 건축 실무 전반의 영역에서 활동 중이다.
그는 인천아트센터의 국제현상공모에서 당선하고, 문화부장관상을 수상하였으며,
Forest's Quintet으로 건축가협회상, 건축문화대상을 수상하였다. 현재, 다양한
문화, 교육, 주거 및 상업공간 프로젝트를 진행 중이며, 경희대학교 대표건축가로서
서울캠퍼스와 국제캠퍼스의 마스터플랜 및 제반 프로젝트를 진행하고 있다.

아이타워는 서울 강남의 대기업들이 밀집한 마천루로 상징되는 중심 상업지구에서 벗어나, 중소규모의 업무시설 및 저층 주거와 상업시설의 복합지역에 위치하고 있다. 이 지역은 현대 정보사회의 특성을 보여주는 많은 디지털 스타트업 기업과 중소규모의 광고 에이전시가 밀집하고 있으며, 대지는 북측과 동측으로 도로에 접하여 블록의 코너에 위치하며, 대지의 북측은 저층 주거 및 상업건물로 둘러 쌓인 근린 공원을 접하고 있다. 따라서 건축물의 디자인은 북측 공원의 일부로서, 그리고 남측으로는 도시의 일부로서, 공공 근린공원의 공공성을 만족함과 동시에 도시적 맥락에 부합할 수 있는 균형 있는 디자인을 요구하였다.

200여 명을 위한 업무공간의 확보 및 새로운 비즈니스 형태가 필요로 하는 회의공간, 교육공간, 여가공간 및 이벤트 공간의 확보에 대한 건축주의 요구는 대지에 세 방향으로부터 주어지는 2:1 비율의 사선제한의 법적 요구와 함께, 매스의 디자인에 있어 한계가 아니라 기회로 간주되어야 했다. 업무공간의 융통성과 효율성은 가변성을 고려한 충분한 높이의 면적의 업무공간 확보와 함께, 수직동선 및 서비스 공간의 밀도 있는 코어 설계로 확보되었다. 아이타워는 각 층의 평면에서 기둥과 벽체로부터 자유로운 업무공간을 확보하지만, 수직적으로 업무공간을 제외한 코어 공간은 평면과 단면에서 동시에 밀도가 높아진다. 예컨대 업무공간 6개 층은 코어공간은 9개의 층으로 연결되어 있다.

콘크리트의 외벽은 내력 벽체로서 아치의 구조처럼 상부 하중을 3면의 외벽으로 분산시켜 지반으로 전달하며, 내부 공간에 기둥의 필요를 최소화하여 업무공간의 효율성과 가변성을 극대화 할 수 있게 계획 되었다. 정사각형으로 구성된 각 층의 평면은 계단, 엘리베이터, 화장실, 키친을 포함하는 1/4 면적의 코어공간과, 나머지 3/4의 면적을 차지하는 L형태의 업무공간으로 구성된다. 3m 층고의 밀도 있는 코어공간과 달리 4.5m의 층고의 업무공간은 크게 비어 있는 공간으로 최대한의 가변성을 확보할 수 있으며, 업무공간의 기능뿐만 아니라, 이벤트, 공연, 전시 등 거의 모든 종류의 프로그램을 담는 블랙박스로서의 기능적 포용성을 가지게 된다. 건축물은 지하 2개층 지상 8개 층으로 구성되어 있으며, 지하 2층은 250석의 다목적 공연, 이벤트공간이며, 극장 상부 지하 1층은 자주식 주차공간으로 지상업무공간과 지하극장 공간을 가장 가까운 동선으로 연결하고 있어, 극장의 독립된 입구와 계단과 함께, 업무공간과 별도의 극장 동선을 확보한다. 지상의 8개 층은 층고 4.5m의 업무공간으로 200여 개의 워크스테이션과, 8개의 회의실 및 6개의 사무실을 가지고 있다. 남측은 전체 입면이 유리 커튼월로 이루어져 자연채광이 4.5m 높이의 업무 공간 전체에 닿으며, 이 유리 입면과 거친 콘크리트의 재료의 만남은 부러진 콘크리트 벽체의 단면으로 거칠게 표현되어 쪼개진 사과와 같이 겉과 속의 만남을 표현하며, 이를 통하여 북측과 남측의 상반된 도시적 컨텍스트의 균형을 이룬다. 건축물의 남측을 제외한 세 면의 전체적인 구성은 세 개의 덩어리로 분절되어 표현 되었다. 이 매스와 매스가 만나는 틈과 갈라진 공간은 다시 유리 커튼월로 마감되어 채광과 함께 주변 환경의 프레임된 조망을 가져다 주며, 동시에 내부공간의 조각적 공간감을 극대화한다.

아이타워는 기능적으로 새로운 형태의 중소 첨단 서비스 산업에 특화된 건축 환경을 제공함과 빠르게 변화하는 산업 사회의 내적 변화를 견디어내야 하는 시간적 견고함을 동시에 만족시키고, 형태적으로는 기업의 브랜딩과 홍보를 위한 인지성과 상징성 확보함과 동시에 도시적 컨텍스트에 대한 대응으로서 자연과 도시의 서로 다른 컨텍스트의 조화와 균형도 만족시켜야 하는 계획을 요구하였다. 이는 현대건축이 기능적인 효율성과 변화가능성이 형태적 상징성과 배치되는 것이 아님을 보여준다.

Site area 752.4m² Building area 367.2m² Gross floor area 3,083.48m² Building scope B2, 8F Building to land ratio 48.81% Floor area ratio 248.34% Design period 2015. 12 - 2016. 1 Construction period 2016. 4 - 2017. 6 Principal architect Hyunho Lee Design team Youngjong Park, Narae Yang, Sangwha Lee Interior design Chika Nomura, Yeseul Huh Structural engineer Choi Structure Lab Mechanical engineer SoungJin Eng. Inc Electrical engineer SoungJin Eng. Inc Construction Coremsys, Inc Client Joonho Moon Photographer Namsun Lee

I Tower is located a few blocks from Gangnam's business district, a symbol of modern Seoul that features a concentration of commerce, corporate and residential areas where one can find many digital design advertisement agencies. These characteristics of the location, and the emerging digital advertising brand's demand for a 'new type of office building', meant that there existed a need to incorporate functional flexibility, efficiency and symbolic significance. To further illustrate the context, the site is located at a block corner and faces a small park to the north, around which there are residential buildings of three to five stories. Facing the park to the north and the business district's high rise buildings to the south, the design needed a balance between not disrupting the neighborhood's public space and forming a part of the urban landscape.

Under these circumstances, the objective of establishing a space for conferences, lectures, events and leisure for 200 employees had to be achieved in a building with a height to width ratio of 2:1.
To build a comprehensive floor plan with compact core elements required establishing efficiency in space through minimizing circulation and construction costs. Given the limitations presented by the building's elevation, the mass was established almost sculpturally but every floor plan is a square. The outer concrete envelope functions structurally like an arch, removing the need for more than one column in the interior space, further maximizing the efficiency and flexibility of the office space. A quarter of the square area in each floor plan serves the rest of the floor through the core functions of vertical circulation, bathroom and kitchen, and this service space is vertically compact at 3 meters. The rest of the floor is a big, open space at a height of 4.5 meters, and can be used not just for office work but also events, performances, exhibitions and other programs, enabling almost infinite versatility. One must recognize that such versatility in function is demanded even from architecture built for a single purpose, due to the need to adapt to the rapid changes that characterize modern society.

The building houses a parking lot at the first basement level and a 250 seat multipurpose theater at the second basement level with a separate entry. The 8 floors above ground contain open spaces that are 4 to 4.5 meters in height, and feature a total of 200 workstations, 8 conference rooms and 6 executive offices; the core contains bathrooms, elevators, stairs, storage, server rooms and resting areas in 9 floors that are 3 meters tall.
Like a sliced apple, the concrete mass' southern face is made of glass to allow sunlight to permeate the space, and the rough contrast between the smooth glass and the rough texture of the sliced concrete expresses the mass as broken.
Although comprised of one space, the mass is divided into three parts, each of which border each other in gaps and cracks that, through projecting shapes in the ambient light, amplify the sense of fragmentation in the space and allow the mass to overcome the monotony of concrete.
This building features a design with the accuracy in function demanded in a new business, the flexibility to endure the changing times, the form to be widely recognized as a symbol for a new brand, and the harmony of sculpture and cosmopolitanism as a response to the residential and urban context. This shows that in modern architecture, functional efficiency, flexibility and symbolic form can be complements rather than contradictions.

1 WATER TANK
2 ELECTRICAL ROOM
3 MECHANICAL ROOM
4 SEWAGE
5 PARKING
6 TELECOM
7 THEATER
8 THEATER LOBBY

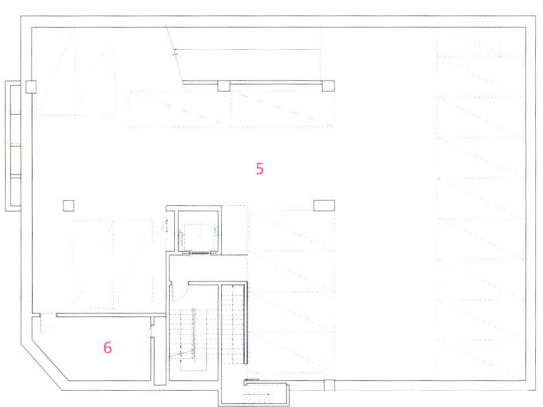

B1 Floor Plan

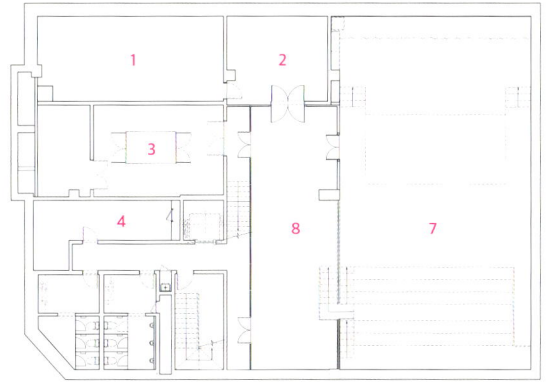

B2 Floor Plan

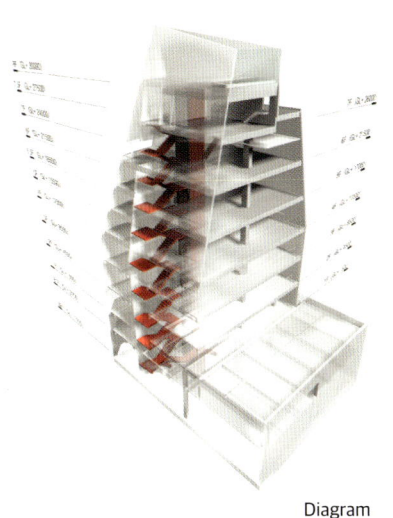

Diagram

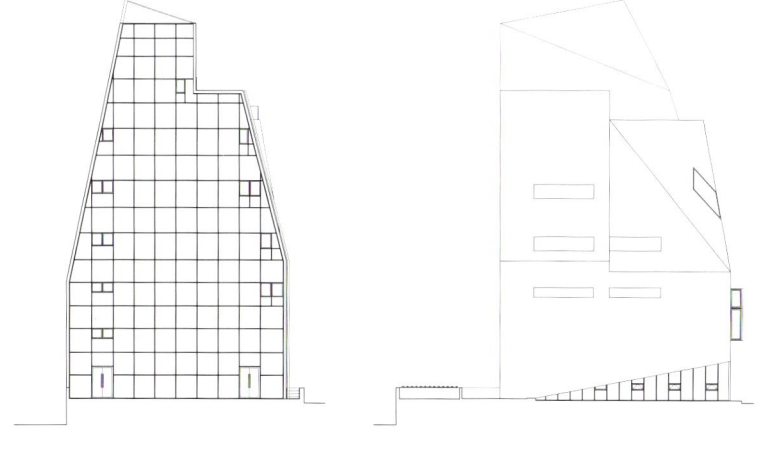

Elevation

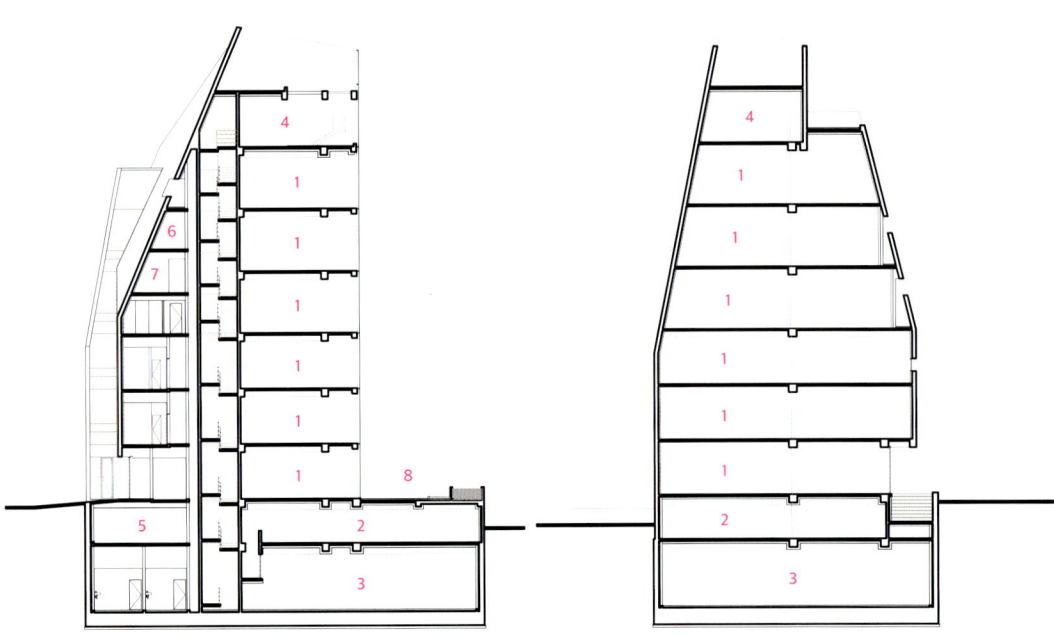

Section

1 OFFICE   8   COURTYARD
2 PARKING   9   MEETING ROOM
3 THEATER   10 SECURITY
4 CEO ROOM   11 LOBBY
5 TELECOM   12 KITCHEN
6 LOUNGE   13 EXECUTIVE ROOM
7 LAB

4th Floor Plan

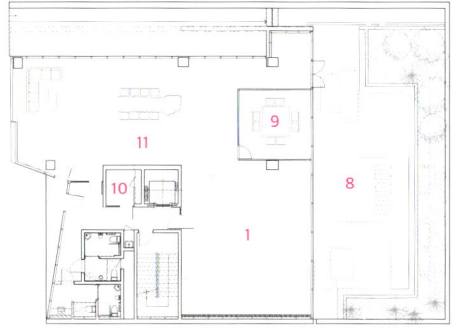

1st Floor Plan

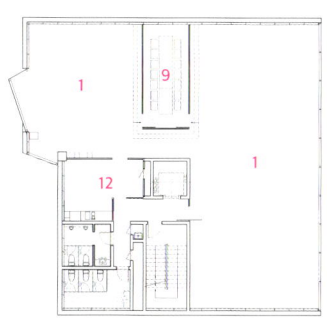

2nd Floor Plan

1 OFFICE
2 KITCHEN
3 DECK
4 CEO ROOM

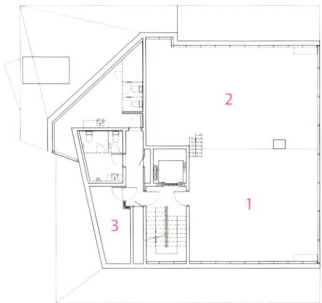

6th Floor Plan

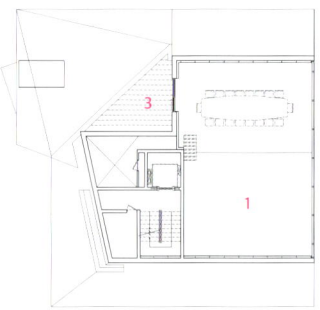

7th Floor Plan

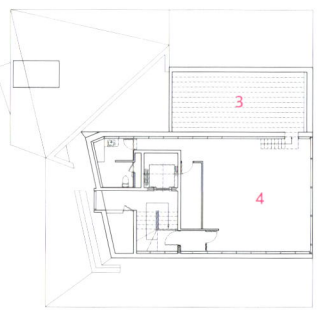

8th Floor Plan

트러스톤자산운용 사옥
TRUSTON ASSET Building

다음물산

이규환

CORNELL대학교 건축석사 및 한양대학교 건축공학부/대학원을 졸업하였다. 현재 (주)엠엑스엠 건축사사무소 공동대표 및 국민대 건축학과 겸임교수로 재직 중이다. SOM 뉴욕/시카고 오피스에서 실무를 쌓았고, 미국건축사 취득 후 귀국하여 2013년 엠엑스엠 아키텍츠를 설립하였다. 이후 국내 건축사사무소들과 협업하며 작품을 발표해오고 있다. <세듀타워>, <청담동 트윈빌딩>, <트러스톤 자산운용 사옥>, <잠원동 커피빈빌딩>, <청주J타워>, <김해 메디컬타워> 등이 있다. <세듀타워>로 '2015 강남구아름다운 건축상'을, <청주J타워>로 '2018 청주시아름다운 건축상 금상' 등을 수상하였고, 문체부 주최 <국제건축문화교류>에서 우수교류자로 선정된 바 있다.

이옥정

한양대학교에서 석사학위를 취득하고, 2010년 삼우설계에서 독립해 마로안건축사사무소를 운영하고 있다. 삼우설계 재직 당시 <리움미술관>, <제주 섭지코지 빌라>, <뉴욕 한국문화원>, <신라호텔 리모델링>, <알제리 시디압델라 신도시계획> 등 다양한 프로젝트에 참여하였다. 사무소 개소 후에는 <Y-House>, <Floating 1>, <청라 골프빌리지> 등 다수의 단독주택 및 <트러스톤 자산운용사 사옥>, <외교구락부>, <청담동 트윈빌딩>, <숭의 음악당 리모델링>, <풍세 대아툴 사옥> 등 다양한 작품활동을 하고 있다. 2012년 <더스케이프펜션>으로 '포항시 건축문화상'을 수상하였고, 2015년 <세듀타워>로 '강남구아름다운 건축상'을 수상한 바 있다.

대지는 신흥 비즈니스타운으로 탈바꿈하고 있는 성수동 준공업지역에 위치하고 있다. 대지 남측으로는 고층아파트 단지를 정면으로 마주하고 있고, 북측 뚝섬역 쪽으로는 고층 지식산업센터들이 곳곳에 개발 및 개발예정에 있으며 더불어 기존의 공장 및 창고 군락들도 다수 잔존해 있다. 동서측으로는 낮은 주거용 건물군이 형성되어 있어 시원한 조망을 확보하고 있다. 본 대지의 복합적인 지리적 성격, 조망축, 일사각 등을 다각도로 고려하여 건물의 배치, 코어구성, 파사드 디자인을 잡아 나가야 했다.

지하층 및 저층부에는 복합문화시설 및 스타트업 기업의 셰어오피스가 입주하고, 1층은 공용로비 및 카페, 고층부는 자산운용사가 입주하는 것을 고려하여 오픈플랜으로 사용할 수 있도록 장방형의 무주공간을 계획하여, 향후 다양한 공간구성에 유연하게 대응할 수 있도록 하였다. 향후 고층건물이 들어설 북측으로 편심 코어와 주차타워를 배치하고 남측 외피에 접하여 기둥을 배치함으로써 업무 공간 내 무주공간 계획이 가능하였다. 수직동선 계획에 있어서 저층부 임대 셰어오피스와 자산운용사가 사용하는 고층부는 엘리베이터 홀을 분리하여 이용상 편리함과 보안성능을 확보하였다. 최상층 2개층은 피난계단 외에 내부계단을 추가 설치하여 부서별 유기적인 업무연계를 도모할 수 있도록 하였다.

우선 동서축 긴 매스를 분절하여 상층부에는 계단식 테라스를, 하층부는 상층부의 계단식 테라스를 따라 내려오는 넓은 커튼월을 구성하여 남측 채광을 적극적으로 확보할 수 있도록 하였다. 또한, 동서측 입면은 낮은 태양 입사각으로 인해 사무환경에 적절치 않은 직사광선이 실내 깊이 유입 될 수 있으므로 창호 유닛 디자인을 통해 직사광선 전반을 차단하도록 하였고, 일조량은 높으나 직사광선이 깊게 유입되지 않는 남측 입면은 유리의 반사도와 개구부의 비율을 조정하여 양호한 조도를 확보하였다.

특히 동서측 입면은 유리면과 외벽이 일정한 각도로 굴절되면서 반복되도록 하였는데, 이는 앞서 언급한 낮은 각도의 직사광선을 차단하려는 의도와 더불어 건물을 보는 시점에 따라 다양한 입체감이 느껴질 수 있도록 하기 위함이다. 각 창호 유닛별 굴절각과 유리면/외벽의 비율은 일조 분석에 의해 결정되었다. 자산운용사의 업무시간을 고려하여 아침 9시 경부터 해가 완전히 질 때까지를 고려하였으며, 이를 통해 서측은 유리면/외벽체가 1:1 비율로 약 100도의 각도로 굴절되면서 반복되는 패턴을 적용하였고, 동측은 유리면과 외벽체가 2:1 정도의 비율로 약 130도 각도로 반복되도록 하였다. 자칫 딱딱하고 지루해 보일 수 있는 장방형의 매스 분절하여 중앙부를 전면 커튼월로 계획하고, 그 축을 따라 건물 고층부에 계단식 중정을 계획하였다. 또한, 분절된 매스를 따라 지붕의 크라운까지 연결되도록 계획하여 건물의 볼륨감을 극대화하였다. 건물 상부 전체를 따라 형성된 크라운 상부에는 셀이 삽입된 유리 태양광패널(BIPV)를 설치하여 풍부한 일조를 활용하는 동시에 강한 직사광선과 비를 막아주게 되어 자연스럽게 아늑한 옥상 휴게공간이 조성되었다. 분절된 매스사이는 크라운 및 태양광패널을 설치하지 않고 자연광을 그대로 받을 수 있도록 하여 향후 8층 중정 공간을 녹색이 어우러진 루프탑 가든으로 활용할 수 있도록 하였다. 지붕에 높게 돌출된 엘리베이터 오버헤드 부분은 계단식 목재 벤치로 계획하여 한강변과 서측 응봉산을 조망하며 직원들이 편히 휴식할 수 있는 공간으로 조성하였다.

Site area 844.06m² Building area 505.50m² Gross floor area 4,350.89m² Building scope B2, 8F Building to land ratio 59.89% Floor area ratio 390.01% Completion 2018. 3. Principal architect Kyuhwan Lee, Okjung Lee Project architect Kyuhwan Lee, Okjung Lee Design team Byungwan Hwang, Jiyoung Choi, Sunyoung Lee, Jihyo Na Interior Design DAWON DESIGN, KKRKDUK Structural engineer MQA STRUCTURE Mechanical engineer CHUNGLIM ENGINEERING Electrical engineer DAEKYUNG ELECTRICS Construction TRACON ENGINEERING & CONSTRUCTION Client TRUSTON ASSET Photographer James Jung

The site is located in a semi-industrial area of Seongsu-dong, which is an emerging business town. Directly to the south side of the site sits a high-rise apartment complex, and high-tech knowledge industry centers are to be developed throughout the north side. In addition, many factory and warehouse colonies remain. Low residential buildings sit on the east and west sides, providing an open view. The complex geographical character of the site, the view, and the angle at which natural light enters were taken into consideration in order to arrange the layout, core composition and facade design of the building.

In the basement and lower floors are a cultural complex and shared office spaces. The public lobby and cafe are located on the first floor and the upper levels are planned in a long column-free shape for the possibility to be rented by asset management companies, who will be able to use it as an open plan. It will be apt for flexible adaptation to various spatial configurations in the future. An eccentric core and parking tower were placed on the north side where high-rise buildings will be built, and the columns were arranged adjoining on the south side of the building, making it possible to plan a column-free space within the office space.

In the vertical circulation plan, convenience and security is provided by separating the elevator hall of the lower level shared offices for lease and the upper levels used by the asset management company. The two topmost levels are equipped with additional internal stairs in addition to the evacuation stairs, so that different departments can be organically linked.

First, the long east-west mass is segmented to form a terrace on the upper part and the lower levels are composed of a wide curtain wall that follows the upper level terrace so as to actively bring in the natural light from the south. In addition, the window unit design on the east side of the building is designed to block most of the direct sunlight, which is not suitable for an office environment. In the southern elevation, which receives a lot of sunlight but where it does not enter the innermost space, the degree of reflectivity of glass and the ratio of openings were adjusted to ensure enough natural light.

In particular, the east-west elevation is designed so that the glass and the outer wall are repeated while being curved at a certain angle. This is intended to prevent the above-mentioned low angle direct sunlight and to give the user a three-dimensional experience depending on where they are standing in relation to the building. The refraction angle of each window unit and the ratio of glass/outer wall were determined by sunlight analysis. Considering the business hours of the asset management company, the time taken into consideration was from 9:00 am until the sun goes down completely. In this way, a repeated pattern with the glass surface/outer wall being refracted at an angle of about 100 degrees with a ratio of 1:1 was applied to the west side. On the east side, the glass and the outer wall were repeated at an angle of about 130 degrees at a ratio of about 2:1.

A rectangular mass that can seem rigid and boring was segmented and a curtain wall was planned for the central part. In the upper levels, a terrace was planned along the axis of the curtain wall. Additionally, the plan connects to the crown of the roof along the divided mass to maximize the sense of volume in the building. In the upper part of the crown formed along the entire upper part of the building, a glass solar panel (BIPV) with cells inserted was installed to utilize abundant sunlight while preventing strong direct sunlight and rain, naturally creating a cozy rooftop lounge area. No crowns and solar panels were installed between the masses space, letting in natural light, so that the courtyard on the 8th floor can be utilized as a green rooftop garden. The elevator overhead which has a high, protruding roof was planned as a wooden terrace bench; a space where employees can relax and enjoy the view of the Han River and the Eungbongsan (mountain) to the west.

1 THK3.00MM ALUM. SHEET
2 FIELD FILL SILICONE SEALANT
   ON BACK UP ROD SPONGE
3 THK24 PAIR GLASS
4 THK3 CERAMIC PANEL
5 THK 6.0 GLASS
   THK0.8 GLASS FIBER ATTACHING
   THK3 CERAMIC PANEL

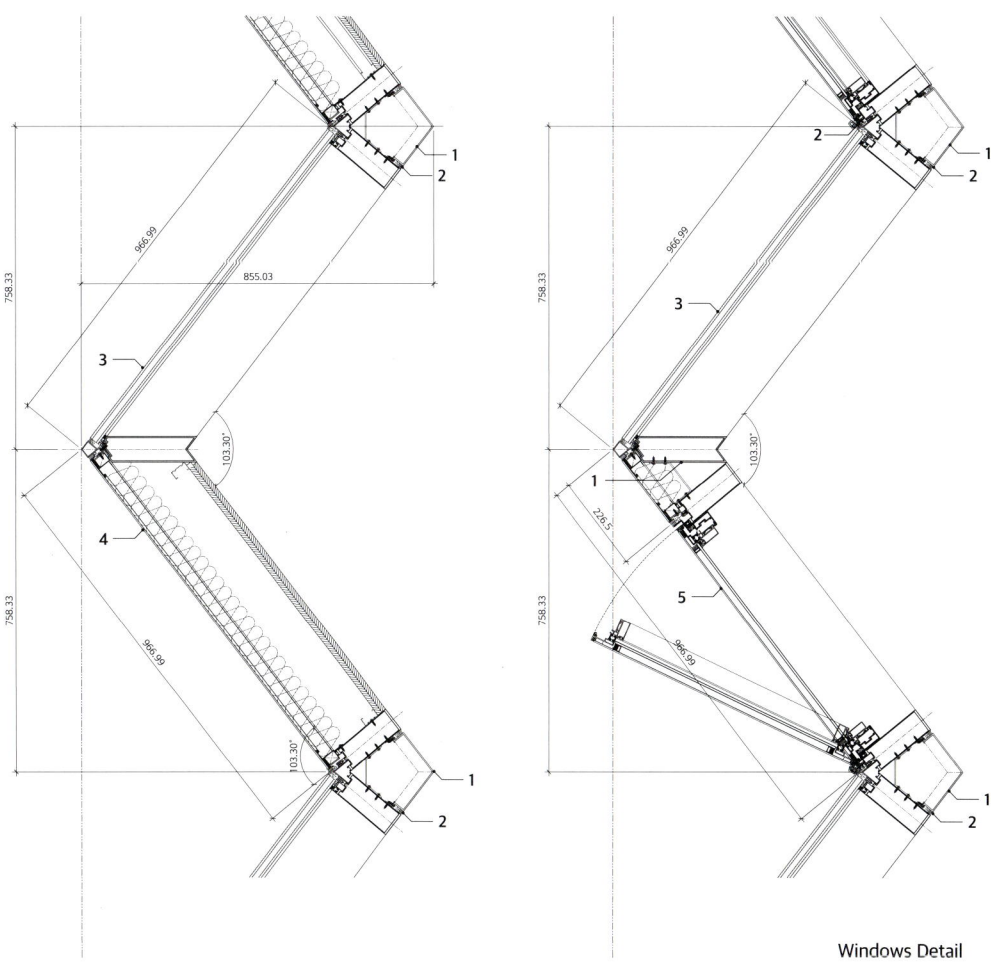

Windows Detail

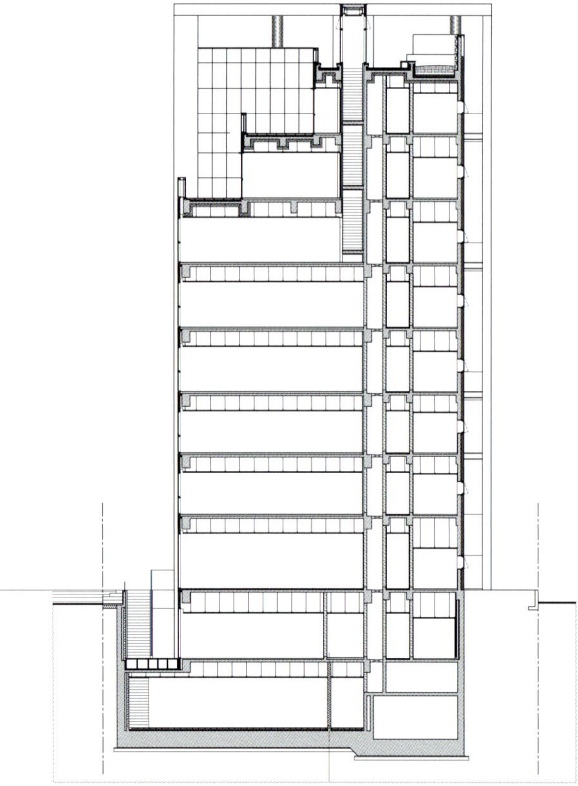

Section

1	COWORKING SPACE	6	LOBBY
2	LECTURE THEATER	7	CAFE
3	HALL	8	PARKING
4	EMERGENCY CONTROL ROOM	9	OFFICE
5	SUNKEN GARDEN	10	TERRACE

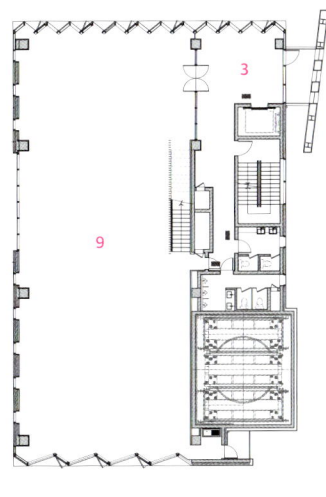

6th Floor Plan

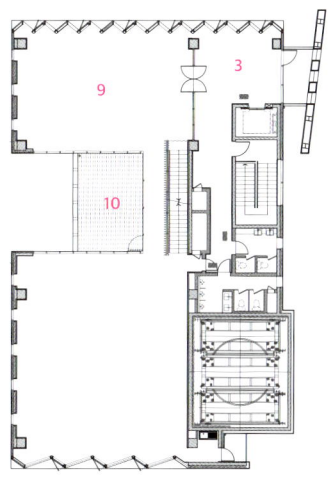

8th Floor Plan

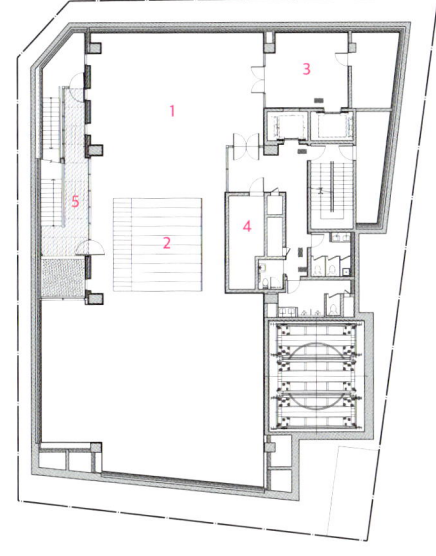

B1 Floor Plan

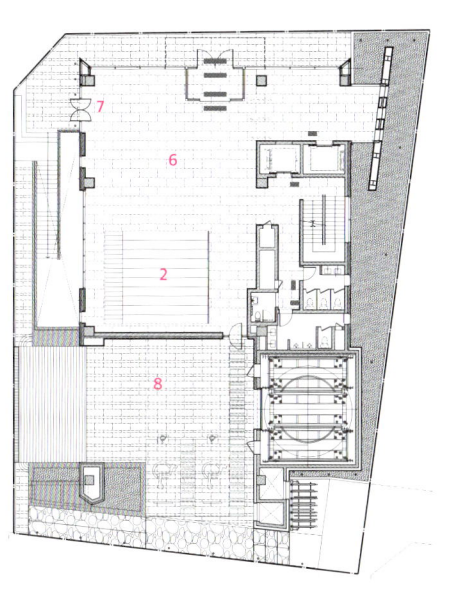

1st Floor Plan

도이치 모터스 BMW 본사

Deutsch motors BMW Head Office

공릉

(주)신한종합건축사사무소 shinhan architects & engineers

송주경

인하대학교 건축공학과를 졸업하고, ㈜삼우종합건축사사무소 건축설계 본부장, 한국도시설계학회 부회장을 역임하였다.
현재 ㈜신한종합건축사사무소에서 사장을 맡고 있다.
주요 작품으로는 경주문화예술회관, 성남시청사, 국립생태원 생태체험관, 행정중심복합도시 대통령 기록관, 코레일유통 본사사옥, HD드라마 타운, 강릉 스피드스케이팅 경기장, 기초과학연구원, 나라키움 빛고을 청사, 민속박물관 개방형수장고, 국립국악원 공연 연습장 등이 있다.

정인호

홍익대학교 건축학과를 졸업하고, 동대학원 도시설계학과를 졸업 후 아틀리에 사무실을 거쳐 삼우설계에서 근무하였다.
삼우설계시절 중동총괄 및 UAE지사장을 역임했다. 현재 ㈜신한종합건축사사무소에서 설계를 총괄하고 있으며, 가천대 및 국민대에 출강하고 있다.
주요 작품으로는 주 카타르 한국대사관, 카타르 왕궁(VIP PALACE), 카타라 Pha se4, 아부다비 ICT호텔 등 국제지명현상을 통한 해외 프로젝트와 천안아산복합문화센터, 나라키움 빛고을 청사, 민속박물관 개방형수장고, 홍대 아트&빌리지, 국립국악원 공연연습장 등이 있다. 한국건축가협회, 한국건축설계학회, 한국문화공간건축학회 및 대한건축학회 정회원이며, 저서로는 이슬람건축 1400년사가 있다.

서울특별시 성동구 성수동 2가 Seongsu-dong 2-ga, Seongdong-gu, Seoul

도이치 모터스 BMW 본사는 신차 전시 및 판매, 차량정비서비스를 통합하는 새로운 패러다임의 BMW 자동차 전문시설이다. 신차의 전시, 판매와 서비스 시설을 독립적으로 운영하는 기존 유사시설과는 다르게 복합적으로 개발되어, BMW딜러사인 Deutsch motors의 미래지향적인 통합서비스 비전을 보여준다.

계획 대지는 성수 사거리에 위치하여 준공업지역과 주거 지역이 조화로운 발전을 필요로 하는 다양한 흐름 속의 열린 장소이므로, 이 지역의 하나의 전경화 된 풍경을 계획하고자 고민하였으며, 건물의 형태는 개방적인 도시의 아이콘 역할과 고급화된 브랜드 가치 창출을 위한 스펙트럼 개념을 적용함으로써, 강하면서도 열린 기업 Deutsch motors의 상징적 장소가 되고자 하였다. 성수동은 준공업지역과 주거지역이 함께 있으며, 특히 자동차정비 관련시설들이 밀집되어 있다. 영동대교에서 연결되는 성수사거리의 대표하는 조형성을 갖는 건축물로서, 다양한 흐름을 받아들이는 하나의 스펙트럼 이미지를 만든다. 미니멀 스펙트럼 이미지에 알루미늄 루버를 수직적으로 배열하여, 성장하는 기업 이미지를 속도감과 상승감이 느껴지도록 계획하였다.

신차 전시 및 판매, 기업 홍보 및 문화, 정비를 담는 자동차복합공간으로 각각의 성격에 맞는 수직 조닝을 계획하였다. 전시, 문화 공간인 쇼룸 및 카페는 일반인의 접근이 가장 용이한 저층부에 배치하고, 이와 연결하여 전문화된 워크숍 공간을 지하층에 계획하고, 쾌적한 환경이 필요한 사무 공간 및 정비공장은 상층부에 배치함으로써, 독립적 공간을 제공함과 동시에 중랑천 및 한강 조망이 가능하도록 계획하였다. 방문자와 직원 차량 주차를 위한 충분한 주차타워와 서비스센터 고객을 위한 지하 출입 주차 램프를 계획하고, 상부층 워크숍 이용을 위한 카 리프트를 별도로 설치하여 사용자의 혼선이 없도록 하였다.

1 PUBLIC ENTRANCE
2 PARKING LOT ENTRANCE
3 1F ENTRANCE
4 CAR LIFT ENTRANCE
5 PARKING TOWER ENTRANCE
6 8M STREET(ONE-WAY)

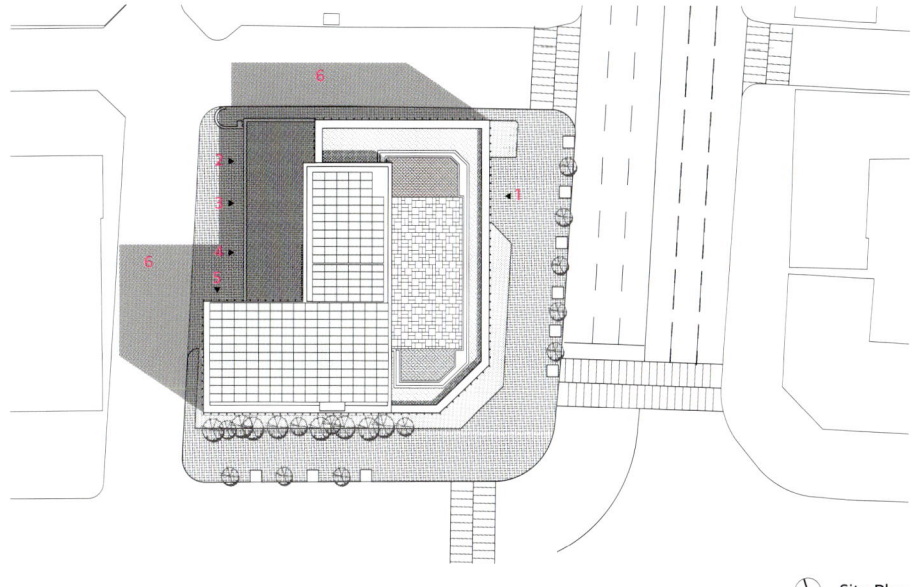

Site Plan

Site area 2,109.50m² Building area 1,243.90m² Gross floor area 15,309.87m² Building scope 12F / B3 Height 70.5m Building to land ratio 58.96% Floor area ratio 399.86% Design period 2014. 6 - 10 Construction period 2014. 10 - 2017. 6 Completion 2017. 6 Principal architect Song Jookyung, Jeong Inho Project architect Lee Younggoo, Lee Joonhee, Kim Jinhee, Yun Youngkun, Seo Youngho, Lee Jongwoo, Goh Youngdong, In Sunghee Client Deutsch motors Photographer Deutsch motors(Interior), Lee Hyunjun(Exterior)

The BMW Deutsch Motors Head Office is a new paradigm that integrates new vehicle exhibitions, sales, and vehicle maintenance services. It is developed differently from similar vehicle facilities, so it shows a future vision of the integrated service of Deutsch Motors, a BMW dealer.

The target site is located at the Seongsu intersection, which is an open area and the flow requires a balanced development between the semi-industrial and residential areas. We tried to plan a complete landscape of the area and the building was intended to symbolize an open enterprise, Deutsch Motors, by applying a spectrum concept of an open city icon and creating a luxury brand.

1 OFFICE
2 AUTOMECHANIC
3 PARKING
4 DEALERSHIP
5 HALL
6 SUNKEN
7 GENERATOR ROOM

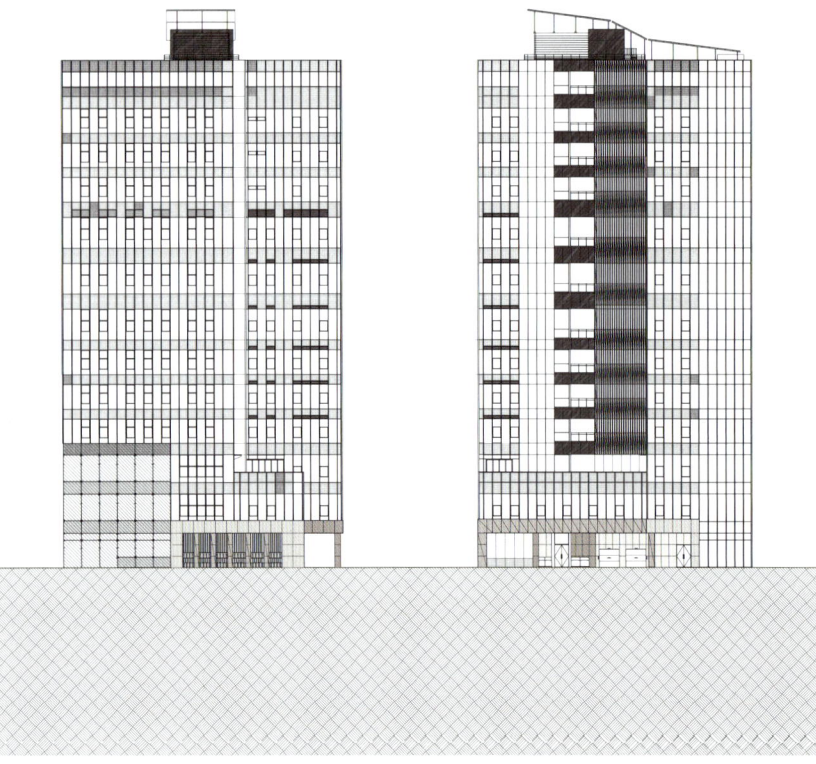

Elevation

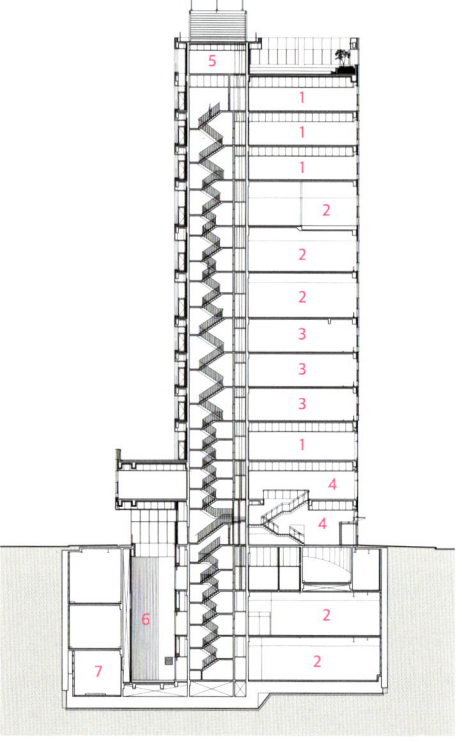

Section

Seongsu-dong has both a semi-industrial and a residential area with a concentration of vehicle repair shops. The Head Office is a building that exhibits the representative formality of the Seongsu intersection adjacent to the Yeongdong Bridge and generates a vista that incorporates various images. Aluminum louvers were arranged vertically to project a sense of speed and reflect the growing corporation image.

As an automobile complex space that displays new car exhibits, sales, company promotion, culture, and maintenance, we planned a vertical zoning based on each characteristic. The showrooms, which are for exhibitions and cultural spaces, and a café are placed on the lower floor for people to access easily and specialized workshop spaces are located underground. The office space and the repair shop, which requires comfortable environments, are arranged in the upper section so that these spaces are independent and have a nice view of Jungnang-Cheon (Jungnang Creek) and the Han River.

Spacious parking towers for visitors and employee vehicles and an underground parking ramp for service center customers were planned. A car lift for the upper workshop spaces was installed separately to avoid confusion.

1 AUTOMECHANIC
2 RECEPTION
3 COMPONENT WAREHOUSE
4 LOUNGE
5 DRESSING ROOM
6 CAR WASH
7 DEALERSHIP
8 HALL
9 PARKING TOWER
10 CAR LIFT
11 OFFICE
12 ROOF GARDEN

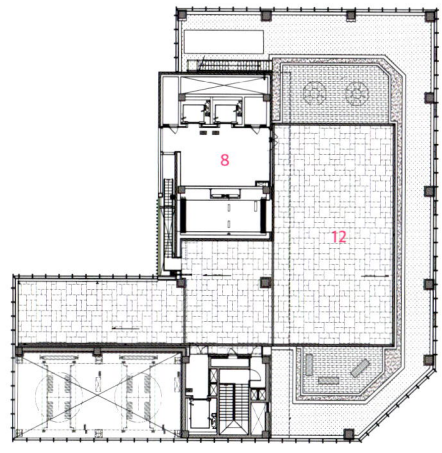

Roof Plan

2nd Floor Plan

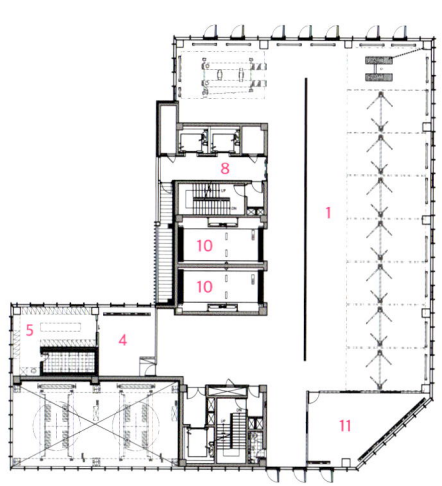

7th Floor Plan

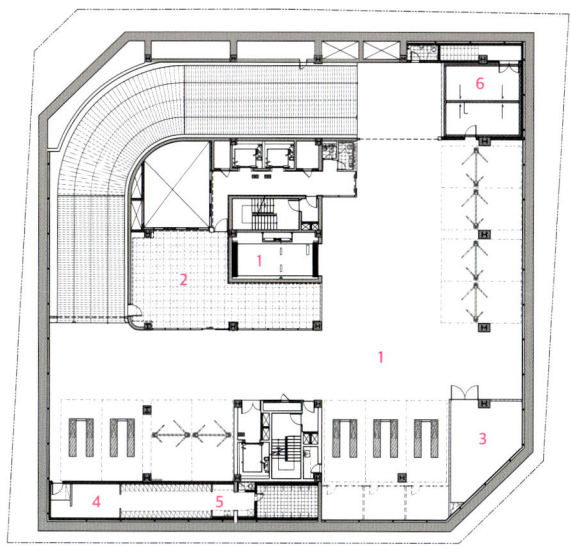

B2 Floor Plan

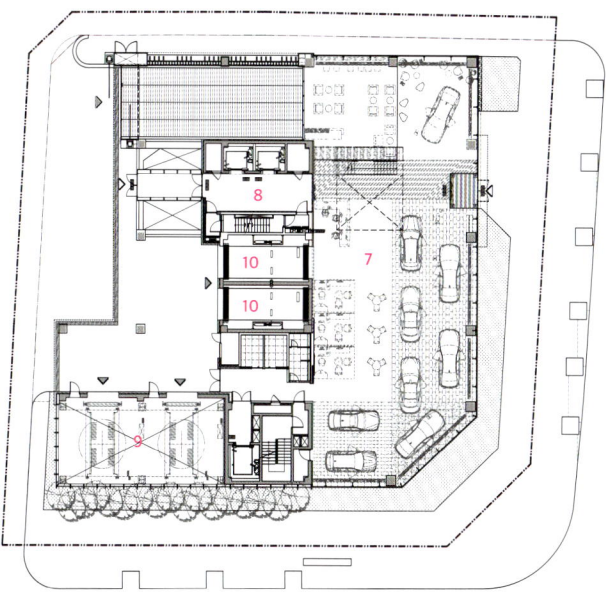

1st Floor Plan

명신 AUTO 사무동 증축공사
MYEONGSHIN AUTO OFFICE EXTENSION

스물셋

202

오섬훈

어반엑스 대표 오섬훈 건축사는 서울대학교 건축학과와 서울대학교 대학원을 졸업하고 AA스쿨에서 수학했다. 공간건축 설계본부장을 역임하였고 현재 (주)건축사사무소 어반엑스(urbanEx) 대표이사, 국민대학교 겸임교수로 재직 중이며 서울시 공공건축가로 활동 중이다. 주요작품으로는 통영수산과학관, 한성대도서관, 송도산업기술문화 Complex, 대치동 자동차전시장, B타워, 새마을금고사옥, 과천중앙교회 등이 있다.

열린 틈과 프로그래마틱 스킨

이 프로젝트는 기존 공장의 확장으로서 사무실, 직원 복지시설 수용이 목적이다. 대지의 위치가 기존공장과 후면(남측) 주차장 사이의 좁고 긴 경사진 언덕에 자리 잡았다. 두 가지의 디자인 전략, 즉 대지의 레벨 차이를 이용한 틈과 프로그램에 대응되는 스킨의 전략으로 디자인의 원칙을 정했다.

레벨 차를 이용한 두 종류의 틈

3차원적이고 다양한 레벨이 공간적 또는 순환적으로 기존 공장과 연결되도록 계획되었다.
기존 공장과 신축 건물 사이의 첫 번째 틈은 연결 브리지와 직원의 휴식처가 되도록 설계되었다. 또 다른 틈은 증축 건물의 개방이다. 이 틈은 남향의 빛과 주변의 언덕들의 전망에 도움이 된다. 이를 위해 매스를 띄워 설계했다. 또 기존 공장 지붕에 데크를 연결해 평택항 일대의 전경을 한눈에 볼 수 있고, 직원 휴게공간이 되도록 하였다.

프로그램에 연결된 스킨

띄워진 매스(Floating mass)는 관리, 사무실, 회의 기능을 가지고 있으며 외피는 유리 및 알루미늄 패널이 통합되어 보이도록 디테일을 설계하였다. 또한, 지면의 개방된 부분은 필로티와 투명 유리로 계획되었는데 휴게실과 식당의 기능을 담고 있다.

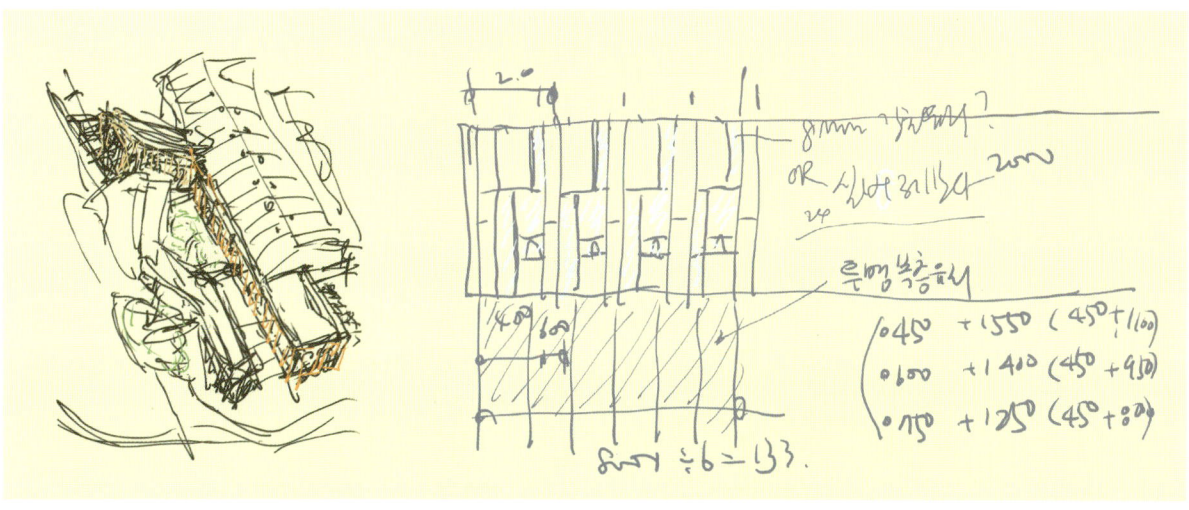

Sketch

Site area 48,257m² Building area 16,176m² Gross floor area 17,819m² Building to land ratio 33.52% Floor area ratio 36.92% Photographer Choonggeon Lee

Construction

Open gap and programmatic skin

The purpose of this project is to use office and employee welfare facility by extending existing factory. The site is located at the long and narrow slope on a hill between an existing factory building and the south car park. Two design strategies were used as the design principal which were, the gaps using the site level difference and a skin strategy responding to the program.

Two types of gaps using the level difference

Three-dimensional various levels are planned to be connected to the existing factory through spatially or circulation. The first gap is between the existing factory and the new building which was designed as a sky bridge and an employee's lounge. The other gap is the openness of extension building.
This gap provides the southern sunlight and the view of surrounding hills. For that reason, it was designed as a floating mass. Additionally, the deck connecting existing factory roof provides a bird's-eye view of Pyeongtaek Port and offers a staff resting area.

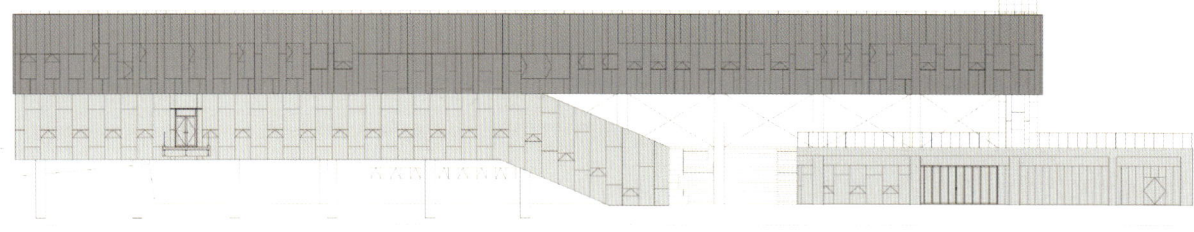

Skin Linked to the Program

1 LOBBY
2 HALL
3 CORRIDOR
4 RESTAURANT, EDUCATION ROOM
5 LOUNGE
6 PRODUCTION MANAGEMENT OFFICE
7 ELECTRIC CHAMBER
8 STORAGE

Skin connected to the program

Floating mass has a function of managing, office and meeting area with the detail of glass and aluminum panel façade to look as they are joined together. Also, the open ground area is planned with pilotis structure and transparent glass, which serves as a lounge and a canteen.

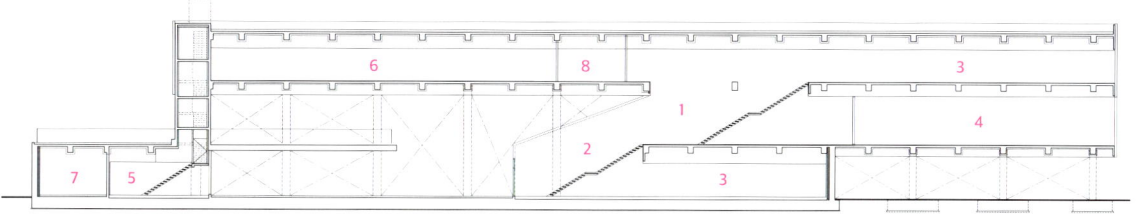

Section

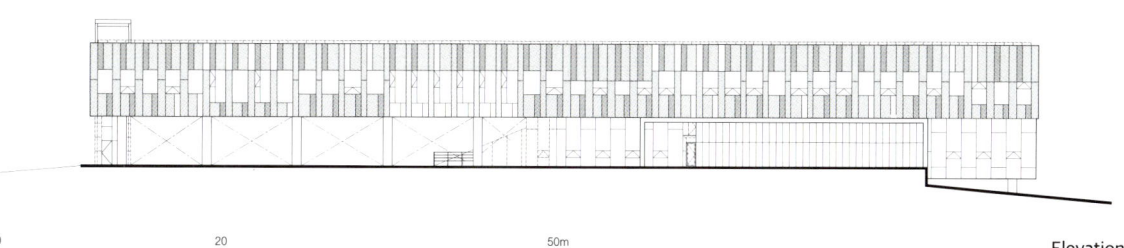

Elevation

1 LOUNGE
2 GYM
3 STORAGE
4 LOBBY
5 KITCHEN
6 RESTAURANT
7 PRODUCTION MANAGEMENT OFFICE
8 SERVER ROOM
9 MEETING ROOM

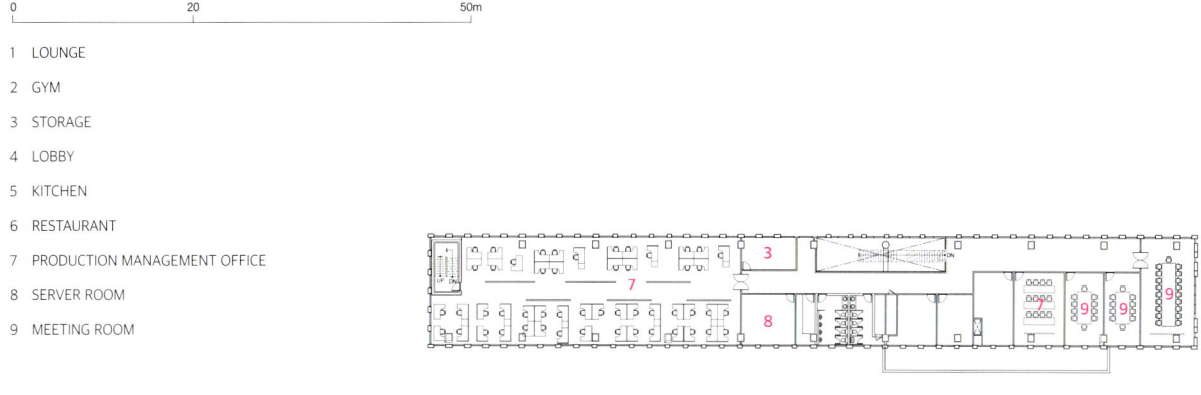

4th Floor Plan

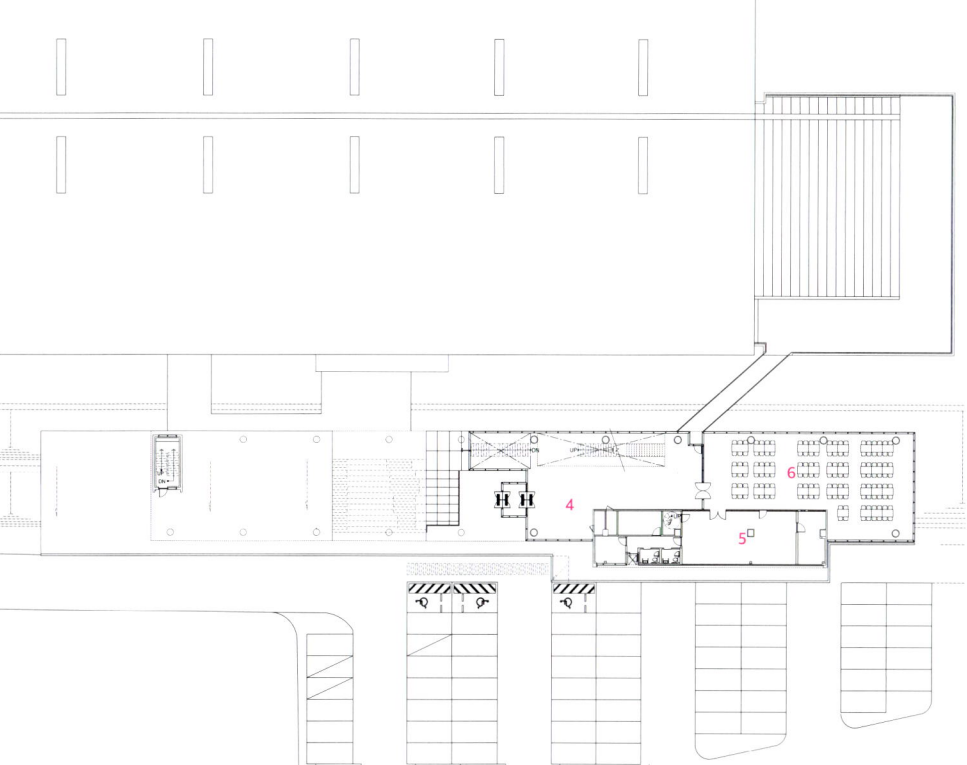

2nd Floor Plan

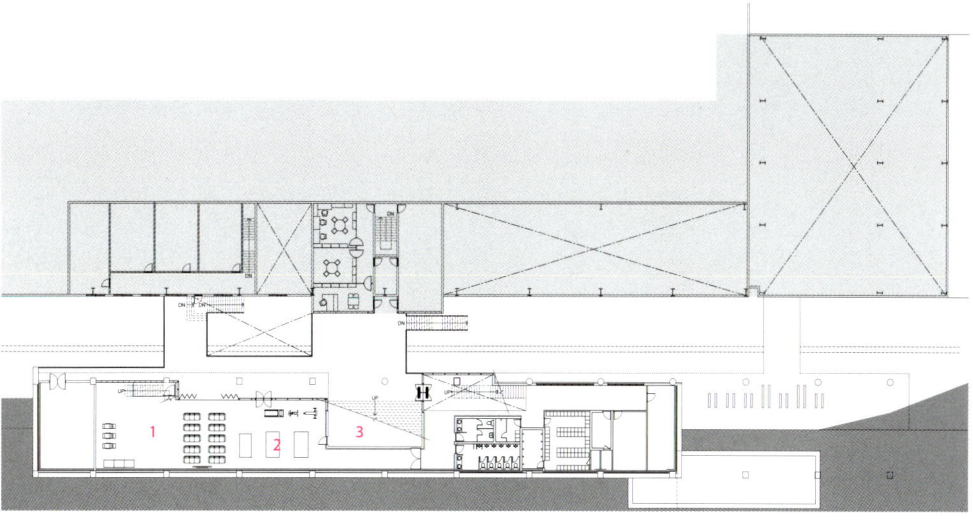

1st Floor Plan

SHILLA STAY
POST TOWER
188 백범로 184
Baekbeom-ro
공덕역
Gongdeok Station

POST TOWER

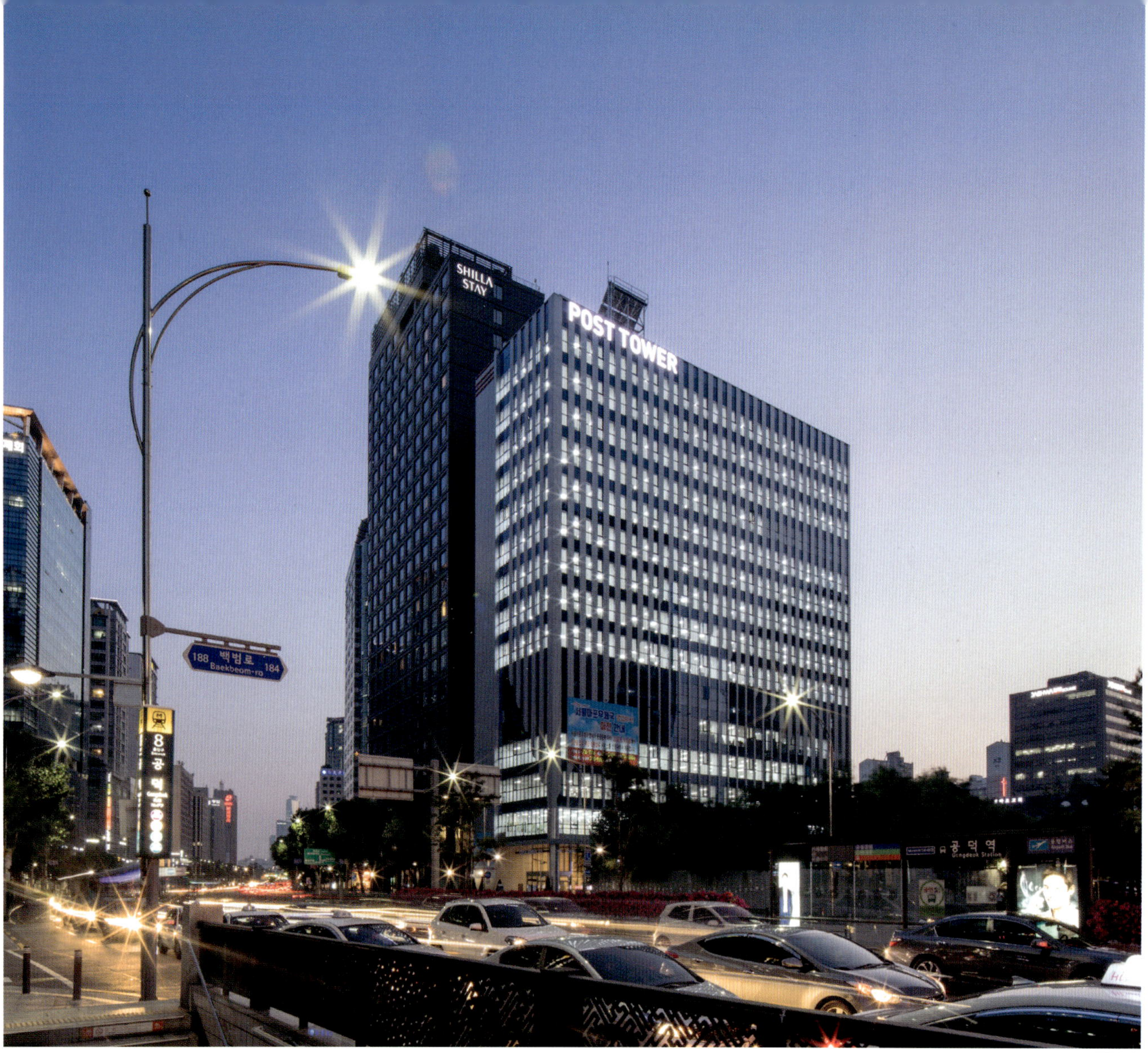

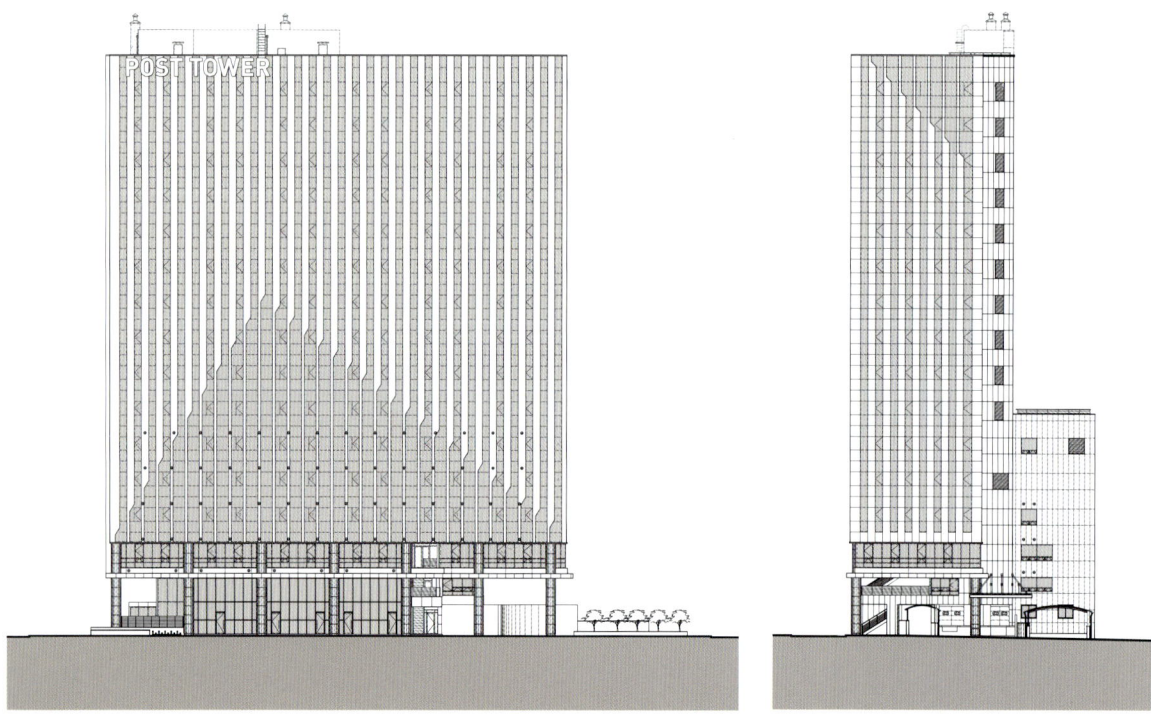

Elevation

이용호

이용호는 1988년 (주)행림종합건축사사무소를 설립한 이래, 초대형 국책사업인 '중이온 가속기', '세종시 무총리공관', '부산통합청사', '건강보험심사평가원 제2사옥' 등 한국 건축의 기술 및 문화 발전에 크게 기여하였다.
대한건축학회 부회장을 역임(2012.5-2014.4)하였으며, 2017년 한국건축가협회 명예건축가로 선정되었고, 한국그린빌딩협의회, 한국건축친환경설비학회 부회장 등을 역임하였다.
건축가임과 동시에 경영자로서 인재 양성과 정도경영에 힘쓰고 있다. 매년 8-10%의 성장세를 유지하며, 건축설계분야 일자리 창출에 앞장서왔고, 이러한 노력을 인정받아 노사문화 우수기업으로 선정되어 인재경영 기업인으로 공인받았다.

국유재산의 적극적인 개발 및 임대수입 창출이 가능한 신규 임대국사 개발 등에 초점을 맞추어 우정사업환경이 변화하고 있다. '우정사업 경쟁력 제고' 및 '투자사업 효율성 확보'를 위한 새로운 이미지 확립을 위해 '비상'이라는 콘셉셉으로 4가지의 디자인 개념을 설정하였다.

POST-RISING : 우정사업 경쟁력의 제고, 임대수익사업의 방향제시
POST-IDENTITY : 우정서비스 향상과 지속성장을 위한 프라임급 임대국사
POST-VALUE : 새로운 오피스 생태계를 형성하고 효율적인 유지관리의 확보
POST-GREEN : 자원절약, 에너지 절감을 위한 친환경 임대국사 구현

이는 비상하는 우체국 심볼을 형상화한 입면디자인으로 형상화하여 '우정사업의 새로운 도약'이라는 상징성을 내포하며, 공덕오거리, 공덕역과 경의선 숲길에서 건물을 인지할 수 있는 '랜드마크'로서의 상징성을 확보하였다. 대지 주변의 도시 컨텍스트와 연계하여 접근성 높은 가로형 근린생활시설을 지상 저층부에 배치하여 도심 속 소통의 공간으로 계획하였다. 공개공지는 이동량이 많은 후면도로에 배치하여 주변과의 연계성을 강화하였고, 복층형 근린생활시설을 제안하여 매장의 쾌적성을 증진시키고, 임대수익 향상을 기대하도록 계획하였다. 또한, 2층 근린생활시설에 직접 연결되는 계단을 설치하여 접근성을 고려한 입체적 근린생활시설을 계획하였다. 최적의 전용률과 다양한 임대수요를 고려한 업무시설로서 다양한 환경변화에 대응할 수 있는 최적의 실 깊이와 무주공간을 계획하였다. 업무시설과 지원시설의 수평적 배치로 코어효율을 극대화하였고, 80%의 전용률로 최대 임대수익과 쾌적한 업무환경을 고려한 친환경 임대국사를 구현하여 우정사업의 프로토타입을 제시하였다. 우체국 근무자와 이용자 편의를 고려해 효율적으로 동선을 분리하여 구성하였으며, 선큰 설치를 통해 쾌적한 업무환경을 조성하였다. 우체국직원 전용 엘리베이터와 이륜차 전용주차장을 확보하여 보안성을 향상하였다.
서울마포우체국은 고품질 서비스로 지속 성장하는 '국민행복 열린우체국', 주변과의 접근성 높은 '가로형 근린생활시설', 최대의 수입과 효율적 업무환경을 고려한 '스마트시스템 업무시설'을 지향하는 우정사업의 새로운 비전을 제시하고 있다.

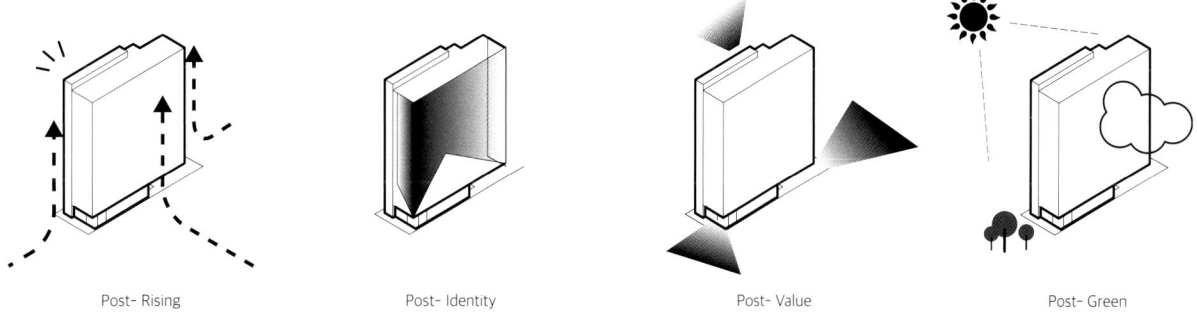

Post- Rising   Post- Identity   Post- Value   Post- Green

Diagram

Site area 1,819.20m² **Building area** 1,049.72m² **Gross floor area** 21,359.01m² **Building scope** B6, 16F **Building to land ratio** 57.70% **Floor area ratio** 750.86% **Design period** 2015. 8 - 2016. 6 **Construction period** 2016. 6 - 2018. 6 **Completion** 2018. 6 **Principal architect** Yongho Lee **Project architect** Muhee Lee **Design team** Wonil Lee, Suksoon Choi, Seungil Shin **Structural engineer** DONGYANG STRUCTURAL ENGINEERING & REMODELING **Mechanical engineer** HANIL MECH.ELEC.CONSULTANTS **Electrical engineer** NARA ENGINEERING **Construction** HANYANG **Client** KOREA POST PROCUREMENT AND CONSTRUCTION CENTER **Photographer** Planning Team

The postal service environment is changing, focusing on the active development of national property and of a new post office building that can generate rental income by leasing spaces. Four designs were created under the concept of "Leap" in order to establish a new image for the "enhancement of the competitiveness of the postal service," and "efficiency of investment business."

POST-RISING: Improving the competitiveness of the postal service and proposing a leasing business
POST-IDENTITY: Improving postal service and a prime-class lease post office building for sustainable growth
POST-GREEN: Creation of an eco-friendly lease post office building to save resources and energy

The soaring post office symbol as a façade design, embodies the concept of "A new leap of the postal service." Also, it is a "landmark," which can be recognized from the Gongdeok Five-way Intersection, the Gongdeok Subway station, and the Gyeongui line Forest Walkway. In connection with the urban context around the site, a highly accessible neighboring street facility was placed on the lower levels to provide a space for communication in the city. The public open space was placed on the rear road, on which there is so much traffic, to enhance the connection with the surroundings. The two-storied neighborhood living facility was proposed to improve the comfort of the store and expected rental income. In addition, a stairway directly connected to the facility on the second floor was set up to provide accessibility to the stereoscopic view. As an office, considering exclusive private rates and various leasing demands, we planned the optimal room depth and free space to cope with various environmental changes. We maximized the core efficiency through a horizontal arrangement of the offices and support areas, and presented a prototype of the postal service by constructing an eco-friendly lease post office building to provide maximum rental income and pleasant work environment with the exclusive private rates. The Mapo Post Office in Seoul presents new visions: "People's Happiness, Open Post Office," which aims at sustainable improvement with high quality service, "Street-type Neighborhood Living Facility," which has high accessibility within the surrounding area, and a "Smart System Office Facility" that combines a maximum income and efficient working environment.

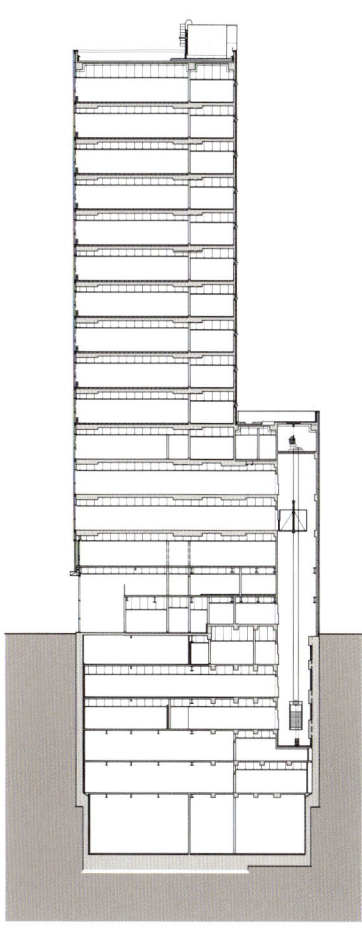

Section

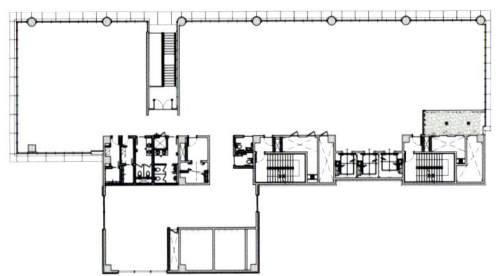

3rd Floor Plan

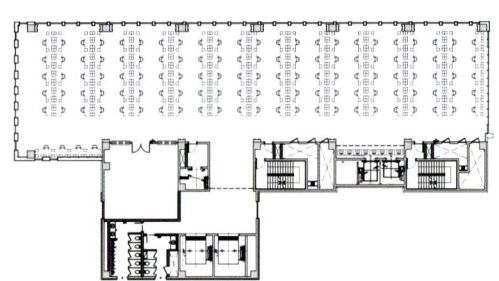

4th Floor Plan

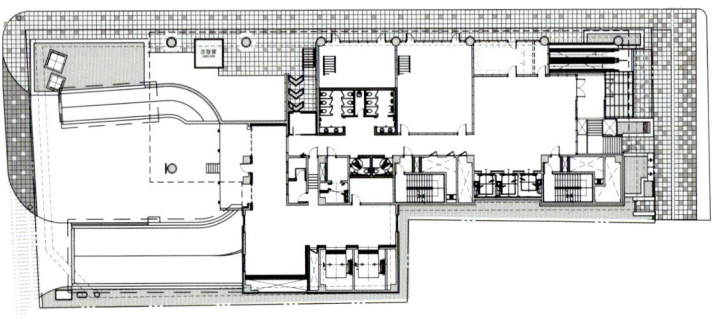

1st Floor Plan

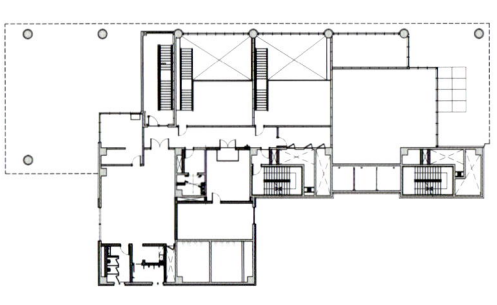

2nd Floor Plan

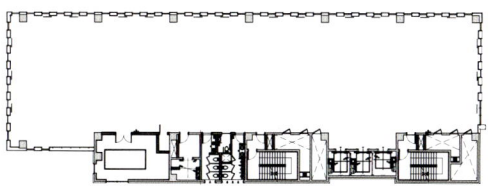

8-16th Floor Plan

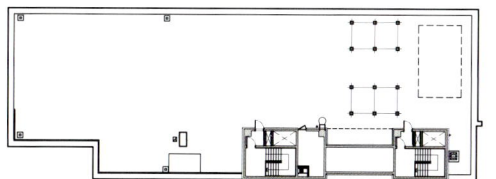

Roof Plan

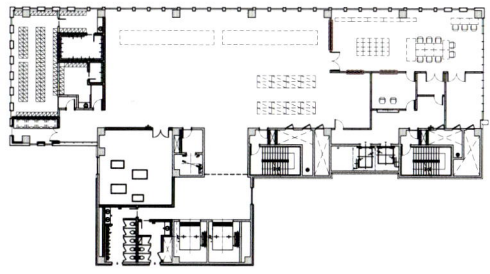

5th Floor Plan

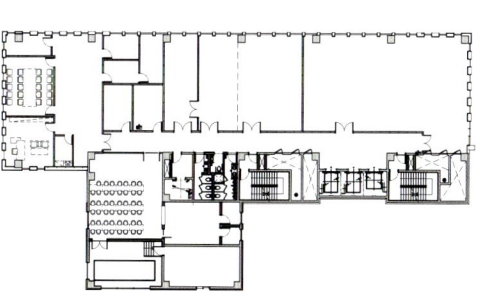

6th Floor Plan

나이스그룹 본사사옥 NICE GROUP HEADQUARTER | 김다정

(주)범건축종합건축사사무소
BAUM Architects, inc.

노현철

다양한 현대사회에 나타나는 건축의 복잡성 속에서도 건축의 본질은 '사람을 위한 공간'
이라는 생각을 실현하기 위해 인간적이고 소통할 수 있는 공간과 친환경적인 결과물에 대한
고민들을 진지하게 풀어가고 있는 건축가이다.
현재 범 건축의 설계 1본부 장으로서 그룹 내 디자인 영역을 맡아 '디자인 혁신과 프로세스'
에 대한 노하우를 쌓기 위해 노력해 왔다. 주요작으로 한전 신사옥, 중이온가속기 등 대형
공공 프로젝트에 대한 남다른 경험을 가지고 있고 나이스 사옥, 성남세무서청사, 정부청사
등 오피스 설계에 대한 전문적 지식을 만들어 왔다. 두 최근에는 대형 마스터플랜까지
영역을 확장해 위곡리 복합단지 개발, 제주도 우리들 CC 등을 진행하고 있다.
친환경 건축에 대한 실질적인 결과물을 만들기 위해 계속적인 실험과 노력을 기울이고
있으며 2015년에는 '한국전력공사 본사 사옥'으로 대한민국녹색건축대전에서 대상을
수상한 바 있다.

서울특별시 영등포구 여의도동
Yeouido-dong, Yeongdeungpo-gu, Seoul

나이스 그룹은 개인과 기업의 신용정보를 보관하고 관리하는 기업이다. 정보를 안정적으로 관리하고 높은 신뢰도를 유지하는
것이 기업의 목적이며 신사옥은 이러한 가치를 담아 기업의 이미지로 표출해 내고자 한다. 기업의 정체성을 담고 고도지구
안에서 최대 연면적을 확보하는 것이 본 프로젝트의 가장 큰 목표였다. 대지는 남쪽 25m 전면도로를 가진 장방형의 안정적인
형태를 가지고 있다. 미관지구 지역으로 주변 건물과 전면 건축선을 지키기 위해 25m 도로에서 최대한 후퇴할 수밖에 없었으며
그 결과, 경관적 제약에 의해 꽉 채운 박스 형태의 기본 매스가 탄생됐고 전면도로 쪽의 대규모 오픈스페이스가 조성되었다.
결과적으로 도시경관을 열어주어 주변과의 조화를 이룸과 동시에 공공의 스페이스를 확보하여 기업의 공적 기여도를 높였다.
대지 주변 여의도 건물들은 개발시대에 지어진 화강석에 'Punched window type'의 전형적인 임대 오피스 건물로 진부한 도시의
색깔을 만들어 내고 있었다. 이 속에서 나이스만의 빛깔을 만들기 위해 신용정보의 '안정성'과 '투명성'이라는 기업의 최고 가치를
떠올렸다. 앞서 말한 포스트텐션의 플랫슬라브 구조는 외부에 99개의 'vertical wall structure'를 구성하게 한다.
이는 곧 건물의 수직적 힘을 외부에 그대로 표출시키는 강한 이미지를 만든다. 이 이미지는 구조적 순결성을 가감 없이 그대로
노출해 신용사회에서 가장 중요한 '투명성'을 나타내고자 했다. 또, 수직적인 단위 객체는 전체를 구성하게 되고 이는 하나의 큰
덩어리 혹은 도심의 오브제로 작용하여 기업의 가치인 정보의 '안정성'을 형태적으로 보여준다. 외벽 마감은 단단하면서 안정된
이미지 표출을 위해 석재를 사용했는데 주변 건물과의 '재료적 연관성'과 '이미지적 차별성'을 위해 '쉘라임스톤'을 적용하게
되었다. 이 석재는 보통의 라임스톤과 달리 콘크리트 빛깔에 특유의 자연결이 농도 있게 살아있어 '버티컬 파사드'의 순수표출
콘셉트를 '단단하면서 내추럴한 질감'으로 담을 수 있었다.
결국 기존 도시 속 이미지에서 나이스만의 정체성은 '구조가 곧 외피다'라는 건축의 순수성에서 차별성을 찾을 수 있었다. 43m
이내의 건축물 높이 제약에서 사업성을 최대로 확보하고 1,000명 이상의 그룹사 인원을 수용하기 위해서는 반드시 12층 규모가
필요하였다. 해결책으로 플랫슬라브 공법을 적용했고 약 3.3m의 낮은 층고에서 공간을 구성하기 위해 세 가지 요소를 적용했다.
첫 번째, 포스트텐션 공법을 적용해 내부에 기둥이 없는 장 스팬을 형성하여 공간감을 극대화했다. 두 번째는 오픈 천장 및 바닥
공조 시스템을 적용해 공간 확보는 물론 시각적 확장까지 고려해 계획했다. 세 번째는 지붕 구성 두께의 최소화이다. 페놀릭폼
단열재 적용으로 두께를 줄이고 낮은 유효 높이에 따른 배수 구배는 사이포닉 시스템으로 해결하였다. 이처럼 기술적 요소와
디자인은 새로운 도전이었으며 결과적으로 12층의 최대 면적 확보라는 사업 목표를 구현할 수 있었다.

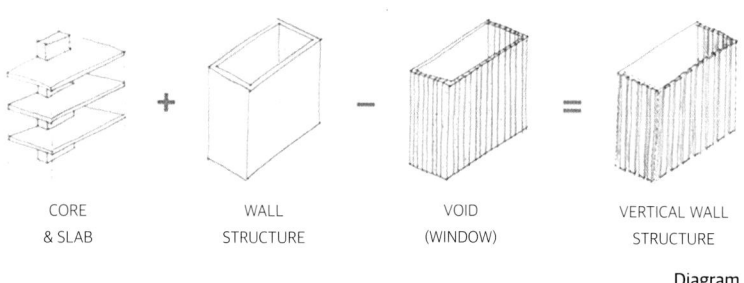

Diagram

Site area 2,440.00㎡ Building area 1,461.97㎡ Gross floor area 26,459.05㎡ Building scope B5, 12F Building to land ratio 59.92% Floor area ratio 985.41% Design period 2015. 1 - 10 Construction period 2015. 10 - 2018. 3 Completion 2018. 5 Principal architect Hyunchul Noh Design team Hyungsuk Kim, Hayoung Kim, Soyeon Kim, Kyueun Kim Construction KCC Engineering & Construction Co. Client NICE GROUP Photographer Namsun Lee

The Nice Group is a company that keeps and manages personal and corporate credit information. It is the company's goal to maintain information reliably and maintain high reliability. We intend to express these values in a newly reconstructed building as a corporate image. The biggest goal of this project was to containing the company's identity and to securing the maximum floor space in the altitude district. The site is a rectangular, stable form with a 25m frontal road to the south and can have an effective height of about 43m from the ground at a maximum altitude limit of 55m. The site, which is a three-sided road, is a scenic area and should be considered the context of surrounding buildings. Therefore, it was necessary to retreat as much as possible on the 25-meter road in order to protect the front building line with the neighboring building, and as a result, it was also a severe constraint to fill the coverage ratio. As the end, a basic box-shaped mass filled with landscape constraints was created and a large open space on the front road side was created. In addition, it opens the cityscape to harmonize with the surrounding area and at the same time secures the public space and enhances the public contribution of the enterprise. The buildings around the site were typical office buildings of 'Punched Window Type' in granite built during the development period of Yeouido. In order to create the color of Nice, it first comes up with the best value of the company as 'reliability' and 'transparency' of credit information. The post-tensioned flat-slab structure has 99 'vertical wall structures' on the outside. These are creating the strong image of the expressions of the building's vertical force externally. It is to expose the structural purity without adding or subtracting and to show the most important 'transparency' in credit society. Moreover, the vertical unit object constitutes the whole large chunk as well works as an object of the city to morphs the 'stability' of information, which is the value of the enterprise. NICE's identity could be distinguished from the existing city with the architectural purity, which is 'the structure is the skin'.

The outer wall finish used stone to project a solid, stable image, and applied 'Shell Limestone' for 'material association' and 'image differentiation' with surrounding buildings. Unlike ordinary Limestones, this stone has a natural texture that is unique to the color of concrete, enabling it to capture the concept of pure expression in a 'rigid but natural texture'. NICE's identity could be distinguished from the existing city with the architectural purity, which is 'the structure is the skin'.

A 12-story size was required to maximize business feasibility in building height constraints of less than 43m and to accommodate more than 1,000 group members. As a solution, the Flat Slab Method was applied and three factors were applied to construct space at low layer elevations of approximately 3.3m. The first post-tension method forms a long span without columns to maximize the sense of space. Second, it is planning to apply open ceiling and floor air conditioning system so that it can secure space and expand visual. The third is minimizing the thickness of the roof construction. The application of phenolysic foam insulation reduced the thickness and the drainage gradient at the low effective height was resolved by a syphonic system. Thus technical factors and designs were a new challenge and consequently the project's goal of securing the maximum area of the 12th floor was realized.

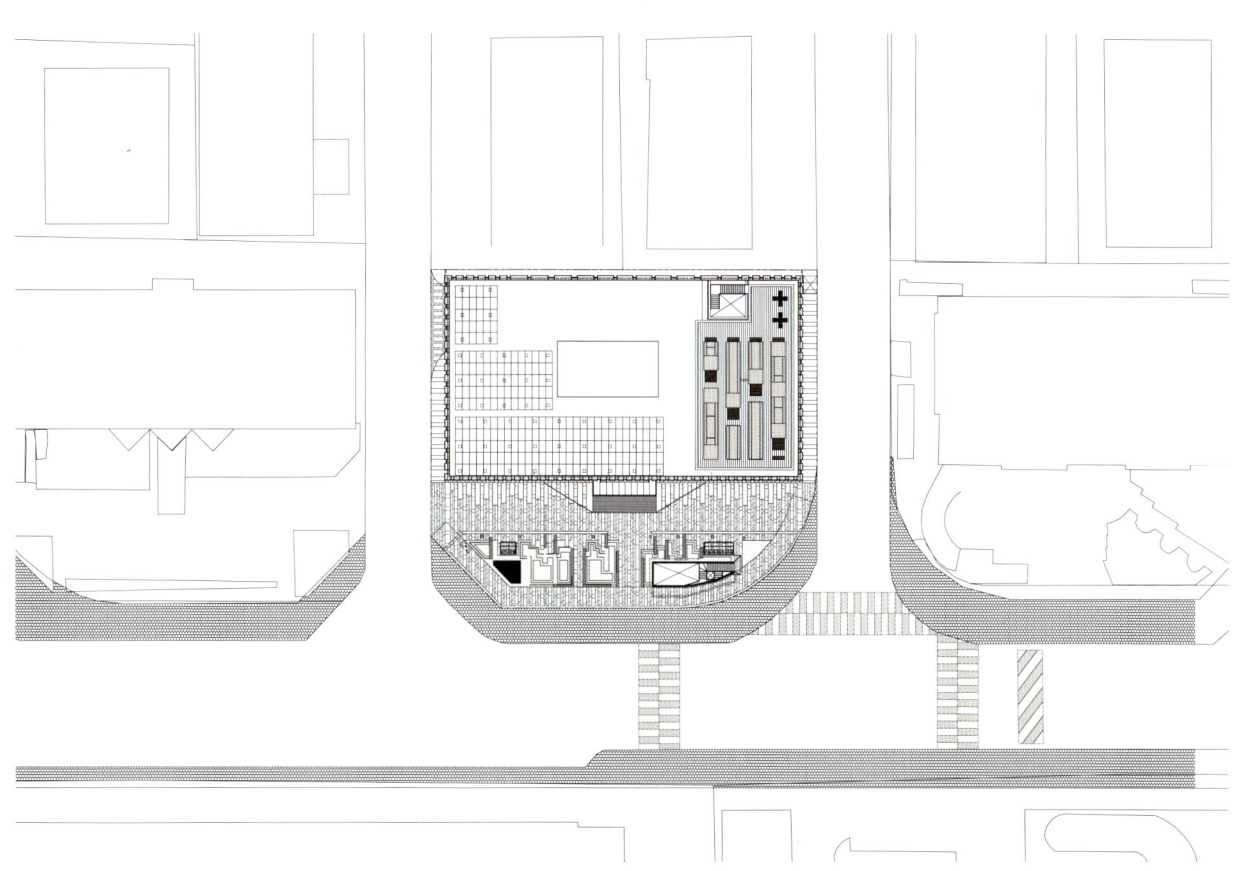

Site Plan

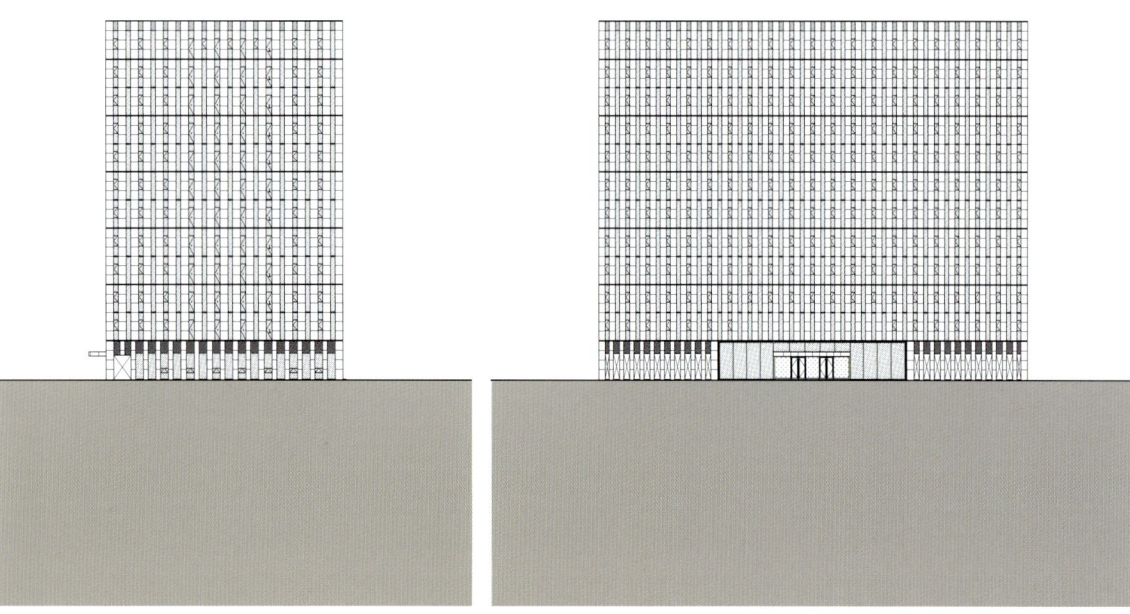

Elevation

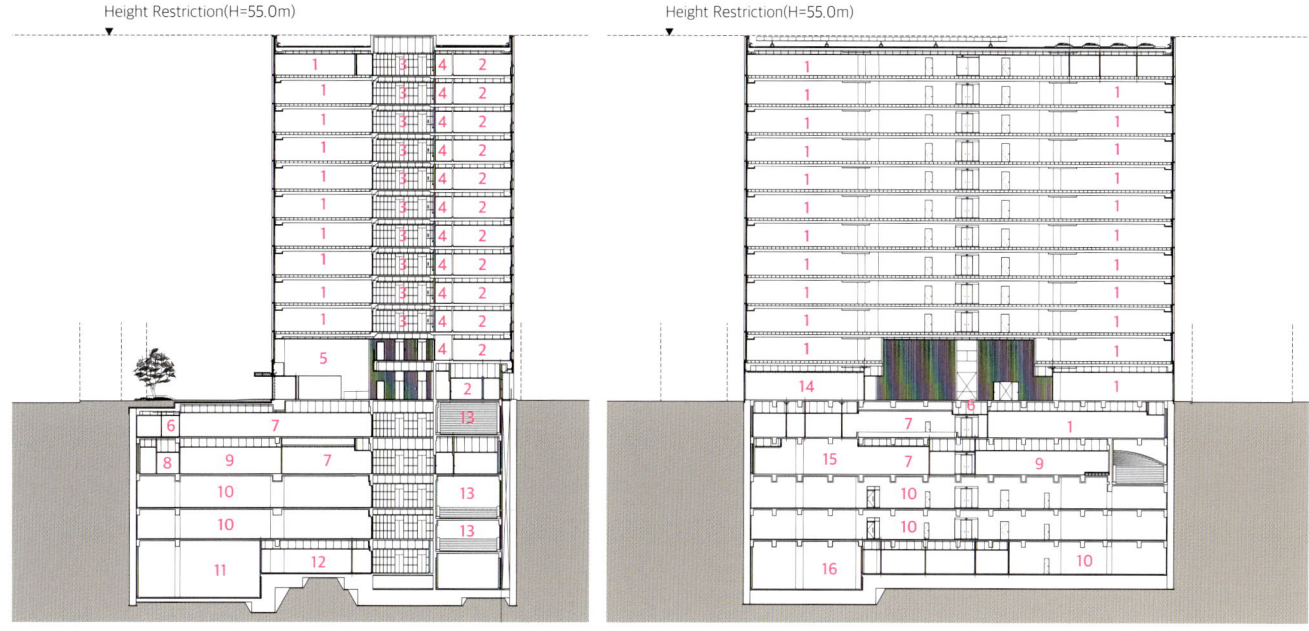

1 OFFICE	5 LOBBY	9 UTILITY ROOM	13 RAMP
2 ELEVATOR HALL	6 PROTECTION AGAINST WIND ROOM	10 PARKING	14 CAFETERIA
3 CORRIDOR	7 HALL	11 MECHANICAL ROOM	15 RESTAURANT
4 TOILET	8 STORAGE	12 ARCHIVE	16 ELECTRIC CHAMBER

Section

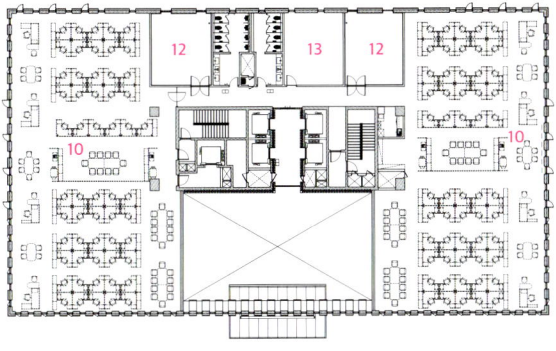

2nd Floor Plan

3rd - 11th Floor Plan

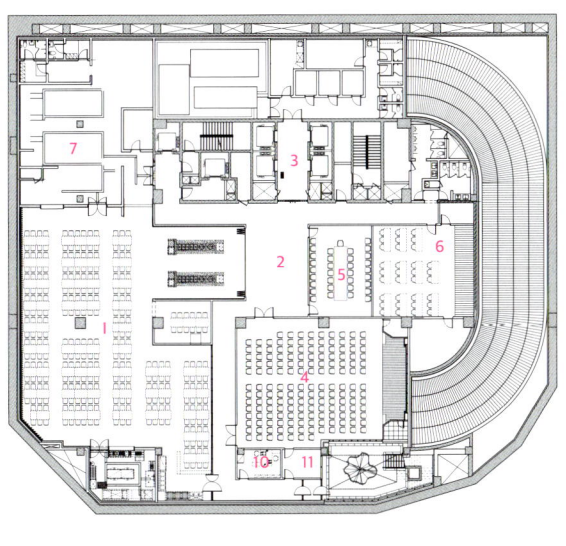

B2 Floor Plan

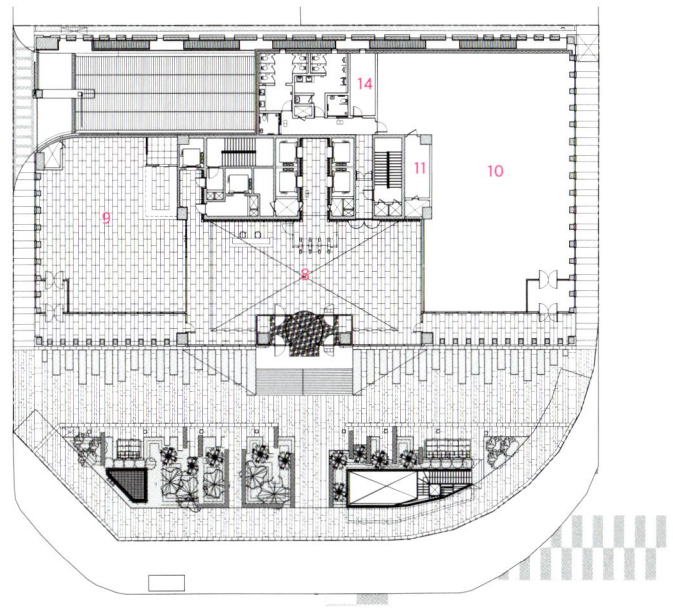

1st Floor Plan

1 RESTAURANT
2 HALL
3 ELEVATOR HALL
4 UTILITY ROOM
5 MEETING ROOM
6 EDUCATION ROOM
7 KITCHEN
8 LOBBY
9 CAFETERIA
10 OFFICE
11 STORAGE
12 AIR-CONDITIONING ROOM
13 SERVER ROOM
14 TPS

한국광물자원공사 KORES New Headquarters

스물여섯

양웅

양웅은 오하이오주립대학교와 콜럼비아대학교에서 건축을 전공하고 NBBJ, Norman Rosenfeld Architects, Skidmore, Owings & Merrill, (주)희림건축, 삼성물산에서 경력을 쌓았다.
현재는 (주)창조종합건축사사무소에서 다양한 프로젝트를 진행하고 있다.
대표작으로는 한국전력공사 신사옥, 한국농어촌공사 본사사옥, 전국경제인연합회 회관, 서울대학교병원 첨단치료개발센터, 마포구민 체육센터, 도곡 1문화센터, 용인흥덕지구 타운하우스, 청담동 빌라 등이 있다.

한국광물자원공사는 1967년 설립 이래 올해로 52년이 되었다. 서울 동작구의 4개층 건물 2개 동으로 구성되어 있던 한국광물자원공사 서울본사는 원주도시개발계획을 계기로 기존도시의 지역적 특성을 담고, 미래지향, 환경친화를 대표하는 건축물로서 혁신도시의 랜드마크로 건설되었다. 대지는 동측의 주거지와 북측의 하천변 남측의 녹색 보행로로 둘러 쌓인 비정형으로, 23,600㎡, 가로, 세로 각각 200m, 165m의 형상을 이룬다. 대지는 동에서 서로 16m의 경사를 이루며, 본 건물은 높은 대지인 동측을 정면으로 서측을 등지고 배치되었다.

시설 사용인원 550명을 기준으로 지상 15층, 지하 2층의 규모로 업무시설, 실험시설, 직원복지시설 등으로 구성된다. 대지의 등고와 시설의 특수성을 고려하여 주변과 조화되는 두 개의 건물 동은 저층의 포디움과 고층의 타워가 서로 기능상의 분리로, 주변과의 기능적 조화를 이룬다. 후면 진입부 건물동 사이의 외부계단은 주변지형을 연계시키고, 사람의 동선을 자연스럽게 유도한다. 이는 건물의 동서 진입 가능한 대지구조에 대응하기 위한 방식으로 양측 도로부터의 정면성을 동시에 확보하게 되었다.

타워의 매스는 광물 원석의 형태를 모티브로 2개 매스의 결합과 조화로 구성하였으며, 포디움과의 조화는 땅과 광물의 만남을 의미한다. 타워의 입면은 주변 모든 방향으로 빛나는 광물을 상징하듯, 4면의 도로와 주변을 향해 열린 파사드로 저녁 노을 즈음 도시를 빛내는 랜드마크를 형성한다. 파사드는 수직, 수평 그리고, 투명을 모티브로 광물의 파사드를 형상화 하였으며, 입면 콘셉트의 연장선 상에서 재료계획을 수행하였다. 타워는 알루미늄 패널과 커튼월을 재료로 파사드를 더욱 빛나게 하고, 흙으로 빚은 세라믹계 재료를 포디움의 주요재료로 사용하여, 대지와의 조화를 유도하였다. 이러한 배치, 조형 계획은 "광물"을 모티브로 "주변"과 조우하여 조화롭게 건축하고, 조화 안에서 아이덴티티를 갖춤으로써 상징성을 확보하는 목표를 구현한 것이다.

본 프로젝트는 광물자원이 에너지를 뜻하는 바와 같이 친환경분야에서도 최고의 결과물을 만들어냈다. 녹색건축물 최우수 등급과 건축물 에너지효율 등급을 1급을 획득하였고, 신재생 에너지의 적극적인 활용을 통해, 에너지 저감과 탄소 제로를 실현하고자 계획을 수행하였다. 에너지 저감을 위해 외피면적 50%를 솔리드 면으로 적용하였고, 커튼월 유리는 아르곤 가스가 주입된 로이 복층유리를 적용하였으며, 폐열 회수를 위해 전열교환기로 외기에 대한 부하를 저감하였다. 패시브 및 액티브 요소를 통해 에너지 총사용량을 저감하고, 신재생 에너지, 즉 (자연)순환에너지를 사용해 전체 건물의 효율을 1등급으로 올릴 수 있었다.

신재생에너지는 태양광(PV), 지열, 우수 재활용 등의 방식을 활용하고, 육생, 수생 비오톱 등을 조경계획에 반영하여, 대지의 열 부하를 줄임과 동시에 생태숲을 조성하였다.

Site area 32,600㎡ Building area 6,673㎡ Gross floor area 33,315㎡ Building scope B2, 15F Building to land ratio 20.5% Floor area ratio 58.4% Design period 2011. 6 - 2012. 5 Construction period 2012. 11 - 2015. 5 Principal architect Sungjin Ahn Project architect Woong Yang Design team Kyungsoo Lee, Hyunseab Kim, Inchul Son Structural engineer IST Structure Solution Mechanical engineer HANIL MECH.ELEC.Consultants Electrical engineer JAYOUNG Engineering Construction Dongjin E&C Co., Ltd. Client KORES Photographer Sun Namgoong

Korea Resources Corporation is now 52 years old since its establishment in 1967. The Seoul headquarters of Korea Resources Corporation, located in Dongjak-gu, was composed of two four-story buildings. A future-oriented, environmentally friendly piece of architecture that possesses the regional characteristics of the original city, it was designed to be a landmark that represents the innovative city. The site is an atypical form surrounded by a residential area to the east, a riverside to the north and a green walkway to the south. It is 23,600m², 200m wide and 165m long. The land is 16m inclined from east to west, and the building is oriented toward the east side, which is high ground, with the west behind it.

The building is composed of 15 levels above ground and 2 basement levels, with office facilities, lab facilities and staff amenities based on a capacity of 550 users. Considering the terrain of the site and the special characteristics of the facilities, the lower level podium and the high-rise towers are functionally separated from each other, while functionally harmonizing with the surroundings. The outer stairway between the two buildings connects the surrounding terrain and naturally induces the movement of people. This is a method to respond to the site structure that enables entrance from both east and west sides of the building, and it has secured simultaneous frontality from roads on either side.

The composition of the tower mass is a combination of the two masses with a motif of a mineral, and the harmony with the podium implies the encounter between land and minerals. The elevation of the tower symbolizes minerals shining in all directions, forming a landmark that illuminates the city around sunset, with roads on four sides and a façade open to the surroundings. The facade was shaped with a vertical, horizontal, and transparent motif, inspired by the facade of a mineral, and the material was planned as an extension of the elevation concept. The tower shines even more with a facade of aluminum panels and curtain walls, and ceramic materials made from earth were used as the main material of the podium, which creates harmony with the earth. Such a layout and massing plan creates harmonious architecture that encounters its "surroundings" with the motif of "minerals". It realizes the goal of creating symbolism by having an identity in harmony.

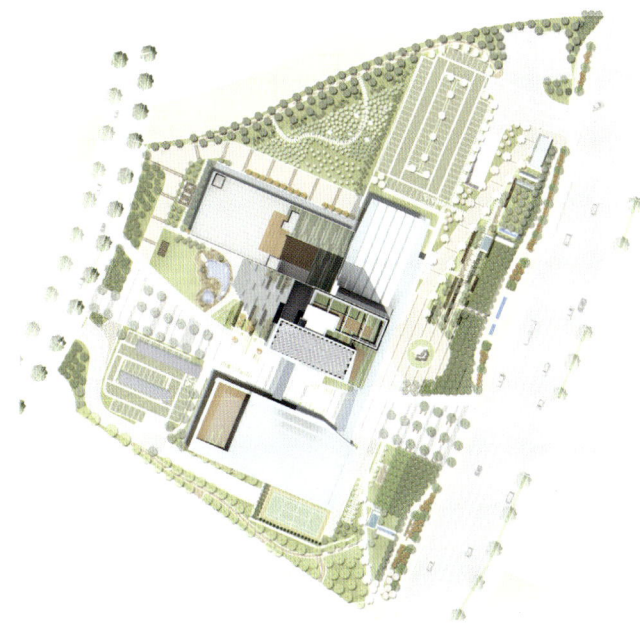

Master Plan

As mineral resources mean energy, this project has produced the best results in environmental areas. It obtained the best grade in green architecture and first grade in building energy efficiency, and carried out its plan to realize energy reduction and zero carbon by actively utilizing renewable energy. In order to reduce energy use, solid surface is applied to 50% of the outer surface area, and double layer glass injected with argon gas is used for the curtain wall; the load on air is reduced with a total heat exchanger for the recovery of waste heat. Passive and active elements reduce total energy usage and use of renewable energy, or (natural) cycling energy raised efficiency of the entire building to first grade.

Methods such as solar PV, geothermal heat and recycled rainwater were used for new and renewable energy, and land and aquatic biotope were reflected in the landscape planning to reduce heat load on the earth and create an ecological forest.

Elevation

1	GYMNASIUM	9	CONFERENCE ROOM
2	PARKING	10	LOUNGE
3	LOBBY	11	MEETING ROOM
4	AUDITORIUM	12	DEVELOPMENT ROOM
5	STAGE	13	OFFICE
6	MECHANICAL ROOM	14	COMPUTER ROOM
7	ELETRICAL ROOM	15	PRESIDENT ROOM
8	HALL	16	ROOFTOP GARDEN

Section

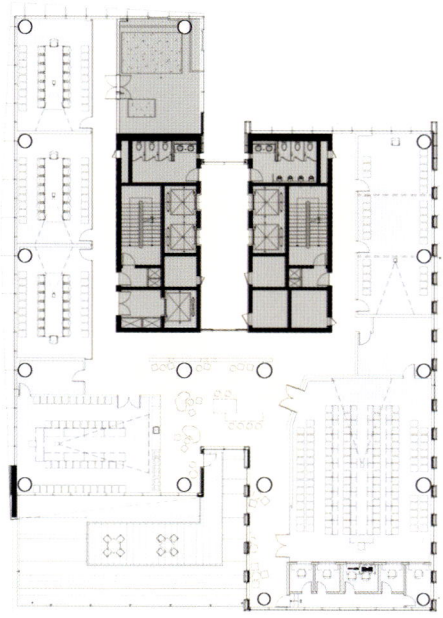
3rd Floor Plan

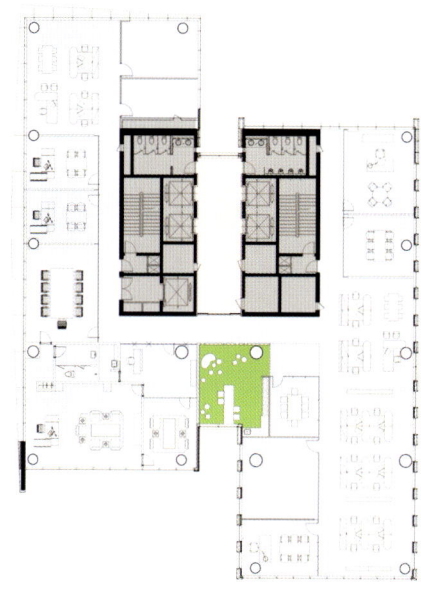
8th Floor Plan

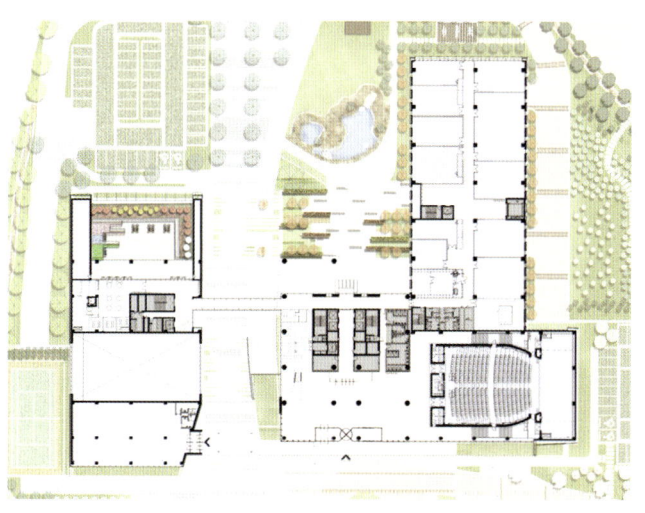
1st Floor Plan

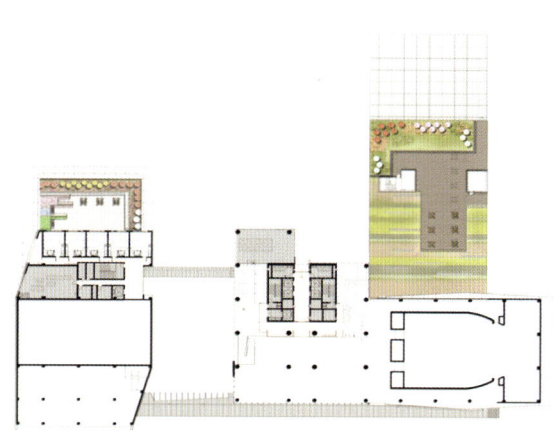
2nd Floor Plan

B2 Floor Plan

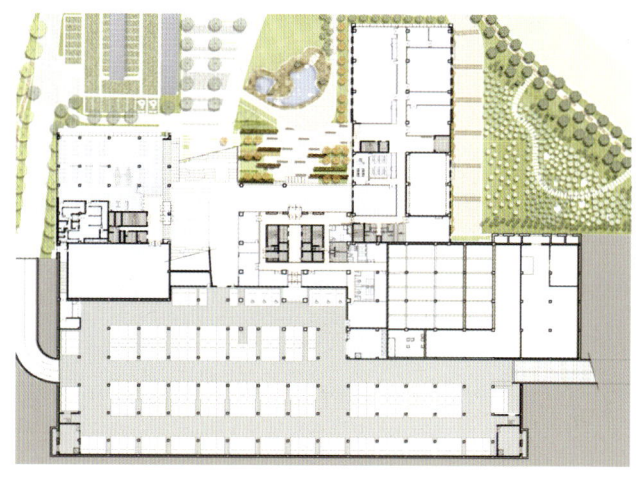
B1 Floor Plan

IBK파이낸스타워 IBK FINANCE TOWER

삼우종합건축사사무소

(주)나우동인건축사사무소 NOW Architects

김수환, 박병욱

나우는 순 우리말로 '보다 낫게, 여유 있게, 조금 많이',
영어로는 '지금, 이제'라는 의미를 가진다.
시간의 영속성은 우리를 언제나 지금, 이 순간에 머물도록
하며 젊음과 청춘의 상태를 유지시켜주는 매개체가 된다.
'지금'이라는 단어의 힘은 현재진행형의 청춘임을 잊지
않도록 붙잡아준다. '나우동인건축'은 더 나은 세상을
만들고자 '지금, 이 순간들'을 쌓아가는 이들의 집합소이다.

서울특별시 중구 을지로2가 Euljiro 2-ga, Jung-gu, Seoul

숨 가쁘게 돌아가는 업무와 바쁜 일상이 가득한 도심지의 건축 공간은 효율성과 경제성을 배제할 수 없다. 그로 인해 복지 측면에서의 환경의 질은 고려되지 못하는 결과를 초래하기도 한다. 그러나 IBK파이낸스타워는 다른 길을 모색하고자 했다. 직무를 수행하는 공적인 면을 기본으로 하되 유연성과 확장성을 간직하도록 강구하였다. 그 결과, 경직되고 고립된 공간을 탈피하여 개방성을 갖게 되었다.

이 건물은 시민의 교류가 잦은 을지로입구역에서 동대문역사문화공원역으로 이어지는 지하 보행로와 지하 1층의 선큰 가든을 연결하여 접근성을 확보하였다. 또한, 지하 1층과 지상 1층에서 접근이 가능한 로비는 14m의 아트리움 형태로 디자인하여 외부의 다양한 접근 동선을 수용하고 은행 라운지까지 시각적 연계가 가능하도록 하였으며, 누구나 이용할 수 있는 열린 공간이라는 것을 강조하였다.

최상층에 자리 잡은 옥상 정원은 기업의 사회적 책임을 실천하기 위한 노력의 일환으로 소통의 상징성을 담아 계획하였다. 전망용 엘리베이터를 이용하면 1층에서 27층으로까지 직접 접근이 가능하고, 옥상정원과 연계하여 시민에게 다양한 경관과 휴게공간을 제공한다. 이곳에서 시민들은 남산의 짙푸른 산등성이를 따라 이어지는 도심의 스카이라인을 만끽할 수 있다. 문헌의 고증을 통해 삼일대로에서 시작해 명동성당으로 이어지는 옛길을 확인했고 이를 보존하기 위해 공개공지를 연계하여 시각화하는 작업을 진행했다. 기존 동선과 어우러진 옛길을 통해 시민들은 도시 고유의 기억을 함께 느낄 수 있다.

IBK파이낸스타워는 시민을 향해 열려 있는 공간을 제공하여 도시환경의 미흡함을 일부 개선하는데 기여할 수 있도록 노력했다. 휴머니즘을 담은 디자인 의도는 일관되고 명확하게 추진하였으며, 건축물의 입면은 치밀한 설계 과정을 거쳐 어디서든 일관된 정체성이 드러나도록 했다. 다양한 디테일을 활용하여 간결하면서도 다각도로 함축적인 모습을 형상화했다.

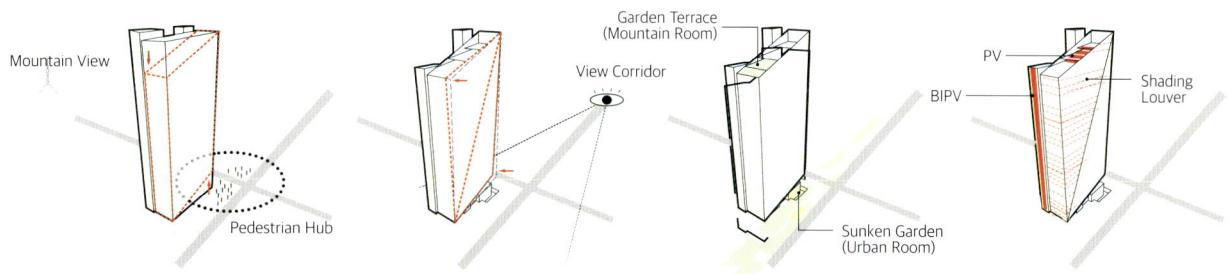

Diagram

Site area 2,773.30m² **Building area** 1,512.16m² **Gross floor area** 47,964.65m² **Building scope** B7, 27F **Height** 119.85m **Building to land ratio** 54.53% **Floor area ratio** 1,191.43% **Design period** 2011. 12 - 2013. 4 **Construction period** 2013. 12 - 2016. 8 **Completion** 2016.11 **Principal architect** Park Byungwook **Project architect** Seo Jongki, Mustafa Abadan **Design team** NOW: Yang Heesun, Choi Peter, Park Kiho, Lee Seungbum, Choi Jian / SOM: Brant Coletta, Pablo De Miguel, Chungyeon Won **Structural engineer** Changmin Woo Structural Consultants **Mechanical engineer** NOW Consulting Engineers **Electrical engineer** NARA Engineering Consultant **Construction** DAEWOO E&C **Client** Industrial Bank of Korea (IBK) **Photographer** Namsun Lee

For an urban architectural space that is full of a breathless business and a busy life, we cannot exclude an efficiency and an economic feasibility. Such a condition may result in a situation that a quality of an environment is not considered with respect to welfare. But, IBK FINANCE TOWER tried to find out some methods else. Based on the spatial aspect of performing one's duties, we made the building to have flexibility and expandability. As a result, the building has not stiffened and isolated, but openness.

This building has secured the accessibility by connecting the underground pedestrian passage from Euljiro 1(il)-ga Station to Dongdaemun History & Culture Park Station where many people are using with a sunken garden at basement. Also, entrance lobby that could be accessed from first basement and the first floor was designed with a shape of atrium with height of 14m, which makes it possible to accommodate various approaching patterns, visually connect the entrance to the bank lounge, and emphasis the fact that anyone can use the space as an open space.

A roof garden at the top floor was planned with symbolization of communication as part of an effort of fulfilling a social responsibility of a company. One can directly access 27th floor from 1st floor by an observatory elevator, and the top floor and the roof garden provide citizens with various sceneries and resting spaces. People here can enjoy an urban skyline followed by the deep blue ridge of Namsan Mountain.

By a literature review we verified an old path starting from Samil-daero to Myeongdong Catholic Cathedral, and we progressed a visualization work connecting with public open space in order to preserve it. Through the old path with existing moving path, citizens can feel the own memories of the city.

IBK FINANCE TOWER tried to provide citizens with an open space and improve a part of insufficiency in the city's environment. Being with humanism the intention of the design was pursued constantly and clearly, and we tried to make the building's elevations to have a constant identity via a thorough design process. Utilizing diverse details, we represented an implicative shape of the building concisely from various angles.

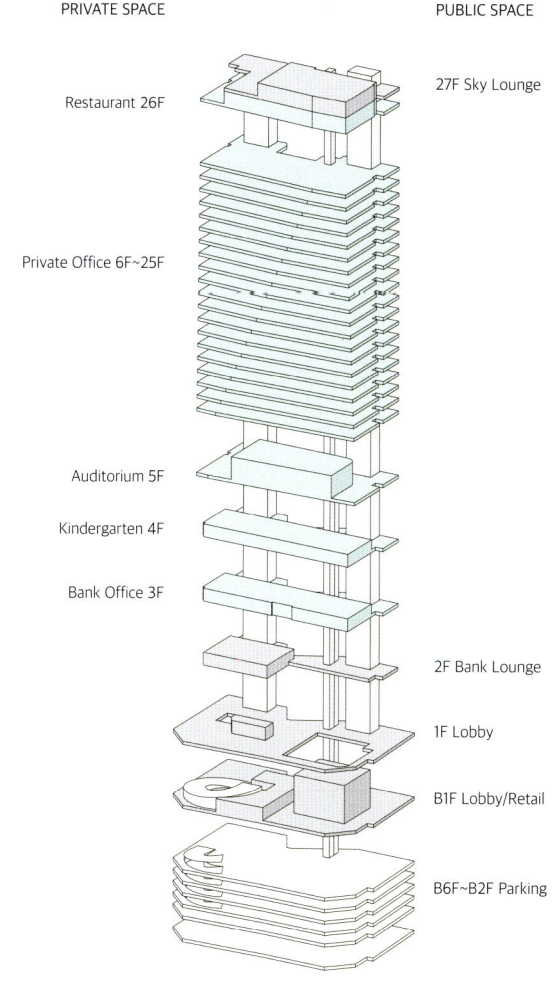

Diagram

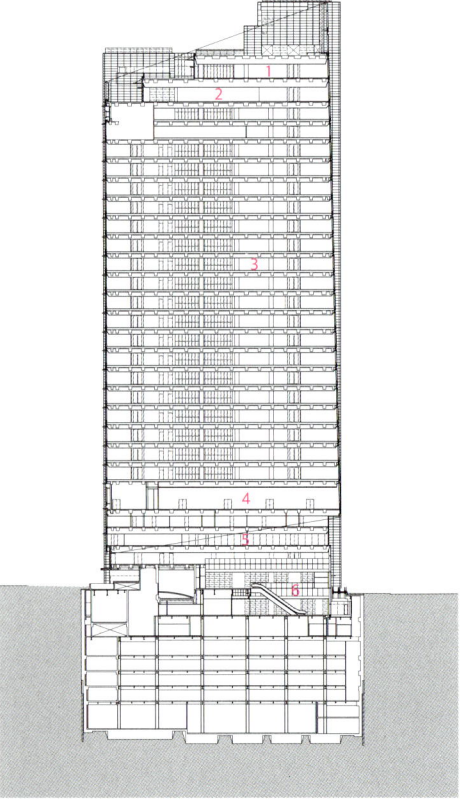

Section

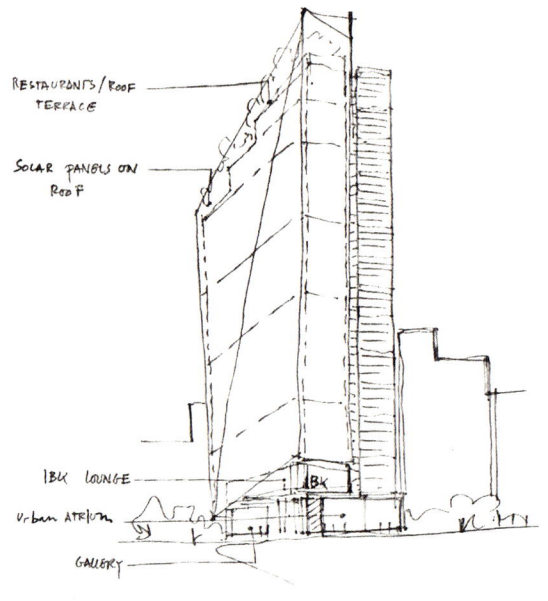

Sketch

1 CAFETERIA
2 RESTAURANT
3 OFFICE
4 AUDITORIUM
5 KINDERGARTEN
6 LOBBY

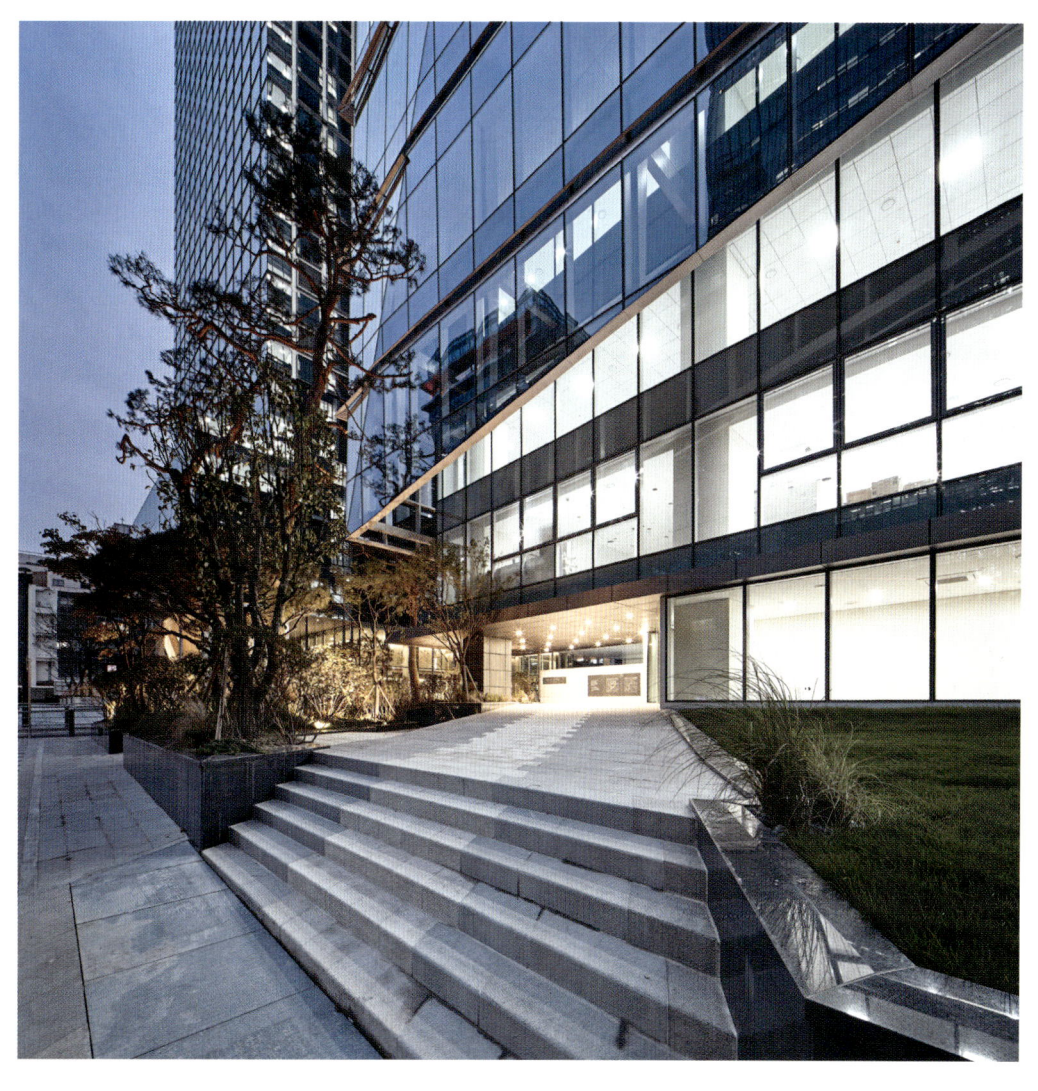

1 PASSAGEWAY	5 SAFETY OFFICE	9 SUB ENTRANCE	13 ENTRANCE	17 KITCHEN	
2 PUBLIC SPACE	6 CULTURAL FACILITY	10 HALL	14 CHILDCARE ROOM	18 PLAY ROOM	
3 B1F LOBBY ENTRANCE	7 STORAGE	11 SHUTTLE ELEV	15 TEACHER ROOM	19 OFFICE	
4 LOBBY	8 MAIN ENTRANCE	12 OPEN	16 RESTAURANT	20 NEIGHBORHOOD FACILITY	

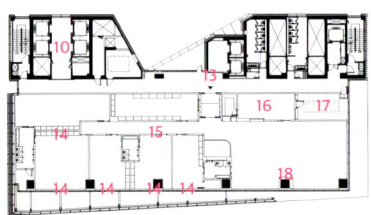

4th Floor Plan

6-26th Floor Plan

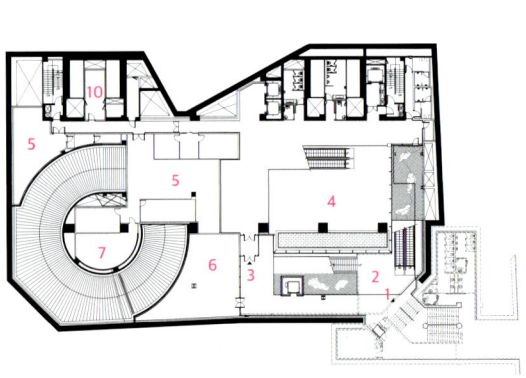

B1 Floor Plan

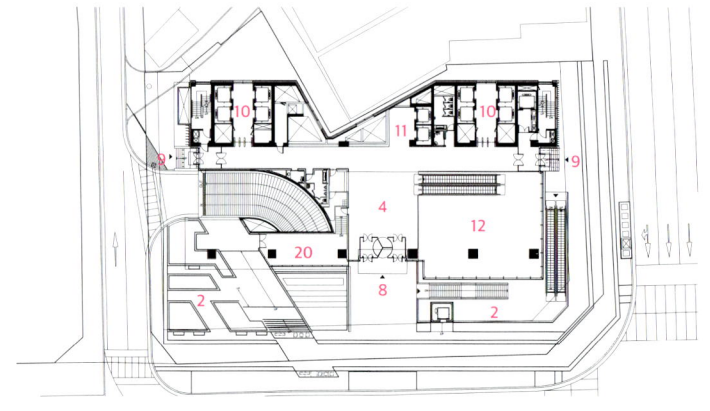

1st Floor Plan

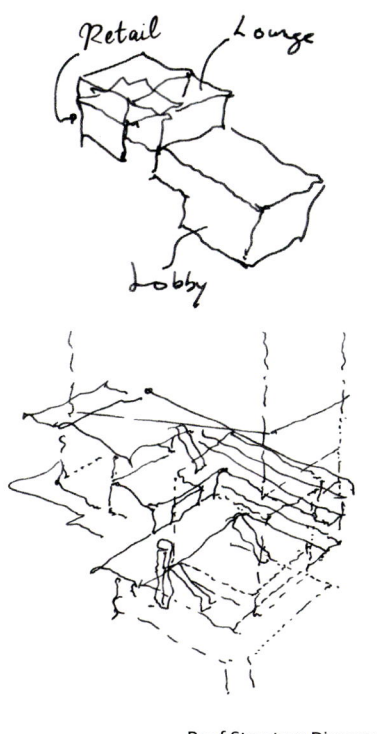

Roof Structure Diagram

파르나스타워 Parnas Tower

서울역삼

(주)창조종합건축사사무소 + KMD건축
Chang-jo Architects + KMD Architects

백준범

백준범은 로드아일랜드 디자인스쿨과 하버드 대학교에서 수학하고, 프랑스의 세르지 아뜰리에와 렌조피아노 빌딩 워크샵에서 실무를 쌓았다. 이후 미국과 영국에서 건축 활동을 이어왔으며, 현재는 (주)창조종합건축사사무소에서 다양한 프로젝트를 진행하고 있다. 대표작으로는 SpacePort America(USA), Tocumen International Airpor(Panama), Lawrence Graham HQ(UK), Paul Klee Museum, Bern(Switzerland), 인천국제공항 3단계, 삼성 C&T R&D 센터 등이 있다.

서울특별시 강남구 테헤란로
Teheran-ro, Gangnam-gu, Seoul

본 프로젝트는 파르나스호텔㈜의 요청으로, 개장한지 30년이 된 그랜드인터콘티넨탈 서울파르나스호텔의 캐노피 및 저층부 리모델링과 호텔의 후면 포디움 상부의 그랜드볼룸 증축 및 프라임급 신축 오피스타워의 건립을 목표로 2010년 시작되었다. 테헤란로의 최대 중심 상권인 삼성역의 코너에 위치해 있으며, 주변에 4개의 호텔과 국제 규모의 컨벤션센터, 코엑스몰, 도심공항터미널, 아셈타워, 무역센터 등 대한민국의 현대적 이미지를 상징하는 건물이 밀집되어 있어, 하나의 건축물을 신축하는 의미를 넘어서는 가치를 가진다.

프로젝트의 핵심인 파르나스타워는 높이 183.48m, 지하 8층/지상 38층 규모의 업무용 빌딩으로, 설계사인 창조건축과 KMD는 주변의 많은 건물들과 새로운 조화를 이루는 것이 무엇보다 중요하다는 생각으로 시작하여, 그랜드인터콘티넨탈 서울 파르나스호텔 저층부 리모델링과 파르나스몰 지하 1층을 계획하였다. 인접한 무역센터의 디자인 콘셉트의 일부를 반영해 빌딩 남측 하단과 동측 상단을 투명유리로 계획하여 사선 형태로 돌출시키거나 들어가게 처리하였으며, 같은 대지내 호텔과의 간섭을 최소화하기 위해 건물의 북, 남측 모서리는 사선으로 처리하고, 동, 서측 모서리는 둥글게 계획하였다.

단조로울 수 있었던 타워의 입면에 검은색 수평 루버(louver)를 적용하여, 입면의 Identity를 살려주었다. 루버를 일정 간격으로 수평 부착함으로써 빌딩의 수직적 상승감을 줄 뿐 아니라 보는 시각에 따라 다양한 표정을 제공하는 심미적 장치로 적용되었다. 또한 서측 입면 Spandrel 사이에는 태양광패널(BIPV)을 사용하여, 기존 호텔 입면의 수평적 연계성을 고려함과 동시에 조명 전력의 25%를 생산할 수 있도록 하여, 한국의 친환경 빌딩 기준 1등급을 획득하였다.

지상 1층에는 리모델링하여 새롭게 개장한 클래식한 색감의 호텔 로비와 3개층 높이의 밝고 모던한 느낌의 오피스 로비가 각각의 개성을 살리며 강한 대비를 이루고 있다. 그 두 개의 서로 다른 목적과 디자인 콘셉트를 가진 로비 사이에 본 프로젝트의 가장 큰 특징적 공간인 대형 아트리움이 존재한다. 높이 26m의 높은 천장고와 수직의 Fin으로 강조된 대리석 벽면, 자연광이 유입되는 대형 천창은 공간을 더욱 풍요롭게 만든다. 창조건축은 이러한 아트리움 공간 계획을 통해 두 로비의 공간적인 조화를 이룸과 동시에 전면 삼성역과 후면 코엑스광장을 매끄럽게 연결하며, 공공 보행통로로서 도심지 공공성의 새로운 가능성을 제시하고자 하였다. 지상 5층에 1,000명의 인원을 수용할 수 있도록 계획된 서울소재의 호텔 중 최대규모를 자랑하는 호텔 연회장 증축과 함께 파르나스 오피스 타워는 6~19층의 저층부와 20~32층의 중층부, 33~38층의 상층부로 나누어지며, 37층은 서울의 한강변을 두루 조망할 수 있는 전망대와 갤러리, 오피스로 계획되었다.

시공사인 GS건설은 서울의 빌딩 밀도가 가장 높은 강남 중심가에, 기존 호텔을 운영하면서 시공하는 무소음 무진동 공법, 기존 시설을 구조물로 받쳐 놓고 밑을 파 들어가 증축하는 지하 뜬구조 공법, 그리고 포스트텐션, 플랫슬래브 등의 적용을 바탕으로, 기존 호텔 리모델링과 타워 신축을 병행하는 복잡한 시공 과정을 거쳤다. 또한 BIM Modeling과 3D Scanner 등을 이용한 3차원 시뮬레이션을 활용하여, 착공 전부터 불합리한 부분과 여러 간섭 부분을 미리 체크하고 수정함으로써 높은 시공 품질을 확보할 수 있었다.

Site area 18,403m² **Building area** 10,667m² **Gross floor area** 219,385m² **Building scope** B8, 38F **Building to land ratio** 57.96% **Floor area ratio** 798.91% **Design period** 2011. 10 - 2015. 9 **Construction period** 2013. 5 - 2016. 7 **Principal architect** Sungjin Ahn **Project architect** Joonbum Paik **Design team** Kyungsoo Lee, Jaepil Jeon, Gunheung Jang, Sangmoo Kim, Ilmin Heo, Juncheol Seo, Wonil Lee, Jino Chae, Sungjun Bae, Nuri Jo, Seungnam Kim, Hyundon Chung, Chunho Kim, Jiyeon Oh, Jinyoung Lee, Khunsang Shin **Structural engineer** The Naeun Structural Engineering Co., Ltd., Dongyang Structural Engineers Group Co., Ltd. **Mechanical engineer** HANIL MECH.ELEC.Consultants **Electrical engineer** NARA Engineering Consultant **Construction** GS E&C Corp. **Client** Grand Intercontinental Seoul Parnas **Photographer** Sun Namgoong

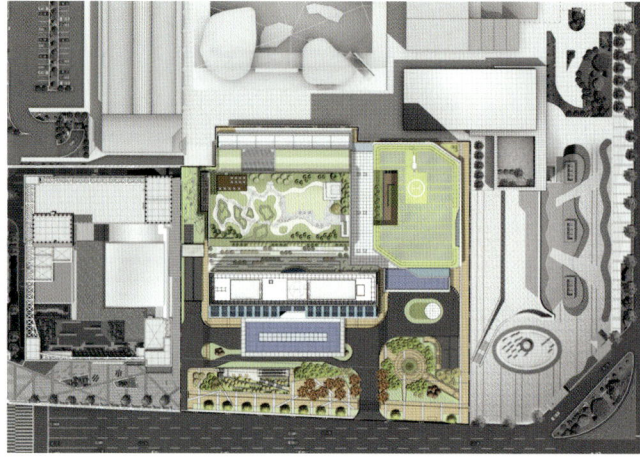

Site Plan

Started in 2010, this is a project requested by Parnas Hotel. The Grand Intercontinental Seoul Parnas Hotel has been in operation for 30 years; the goal was to remodel the canopy and lower floors, extend the grand ballroom on the upper podium in the rear of the hotel and build a new, grade-A office tower. It is located on a corner of Samsung Station, the biggest commercial center of Teheranno. It is surrounded by buildings that symbolize the modern image of Korea including 4 hotels, an international convention center, COEX Mall, city airport terminal, ASEM Tower and the Trade Tower, which gives is a value beyond just constructing a building.

Parnas Tower, which is the core of the project, is a commercial building with 183.48m height, 8 basement floors and 38 floors above ground. With the idea that it is most important to create a new balance with the surrounding buildings, Chang-jo Architects and KMD planned the remodeling of the lower levels of the hotel and the first floor of the Parnas Mall. Reflecting the design concept of the trade center adjacent to it, transparent glass was protruded or inserted in a oblique shape for the lower part of the south side and upper part of the east side of the building. In order to minimize interference with the hotel on the same site, the north and south corners of the building are slanted and the east and west corners are rounded.

A black horizontal louver was applied to the facade of the monotonous tower, giving an identity to the elevation. The louvers are attached horizontally at regular intervals to emphasize the vertical rise of the building, and are applied as an aesthetic device that gives the building various expressions according to the angle it is viewed from.

In addition, BIPV was used between spandrels on the west elevation, taking into account the horizontal connectivity of the existing hotel elevation, and producing 25% of the lighting power. This got it a first grade of Korea Green Building Standard.

On the ground floor is the hotel lobby, remodeled and refurbished in classic colors, and the bright and modern office lobby, three stories high. Between the two lobbies with different purposes and design concepts, is a large atrium, which is the most characteristic space of the project. The ceiling with a height of 26 meters, the marble wall highlighted by a vertical fin, and the large skylight which lets in natural light enrich the space. Through the spatial planning of such an atrium space, Chang-jo Architects aimed to present a new possibility of public space in an urban area as a public walkway, smoothly connecting Samsung Station in front and COEX plaza in the back while spatially balancing the two lobbies.

With the extension of the largest hotel banquet hall in Seoul, which is planned to accommodate 1000 people on the 5th floor, the Parnas Office Tower is divided into the lower levels 6-19, mid levels 20-32, upper levels 33-38, and the 37th floor is planned as an observatory, gallery, and office that looks over the Han River.

The site is located in the center of Gangnam, which has the highest density of buildings in Seoul. The construction company (GS Construction) used a noiseless vibration-free construction method, enabling the existing hotel to continue operation during construction. The remodeling of the existing hotel and tower construction were performed in a complex construction process using the underground space extension method, in which the original structure is supported by another structure creating space for work to be done below it, and by applying post-tensioned, flat slabs, etc. Also, with 3D simulation using BIM Modeling and a 3D Scanner, we were able to secure high construction quality by checking and correcting unreasonable parts before construction.

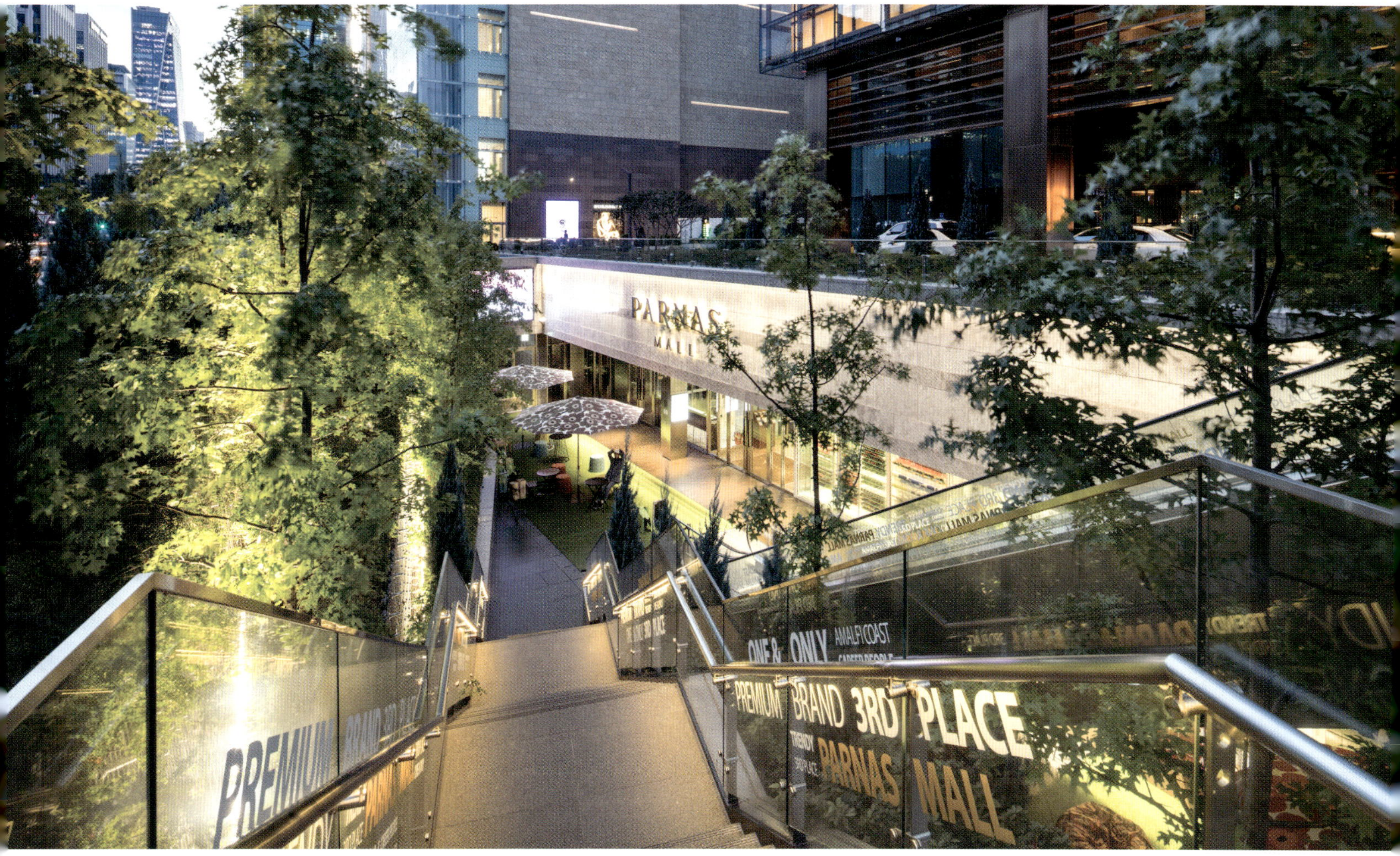
PARNAS
MALL
PREMIUM BRAND 3RD PLACE
PARNAS MALL

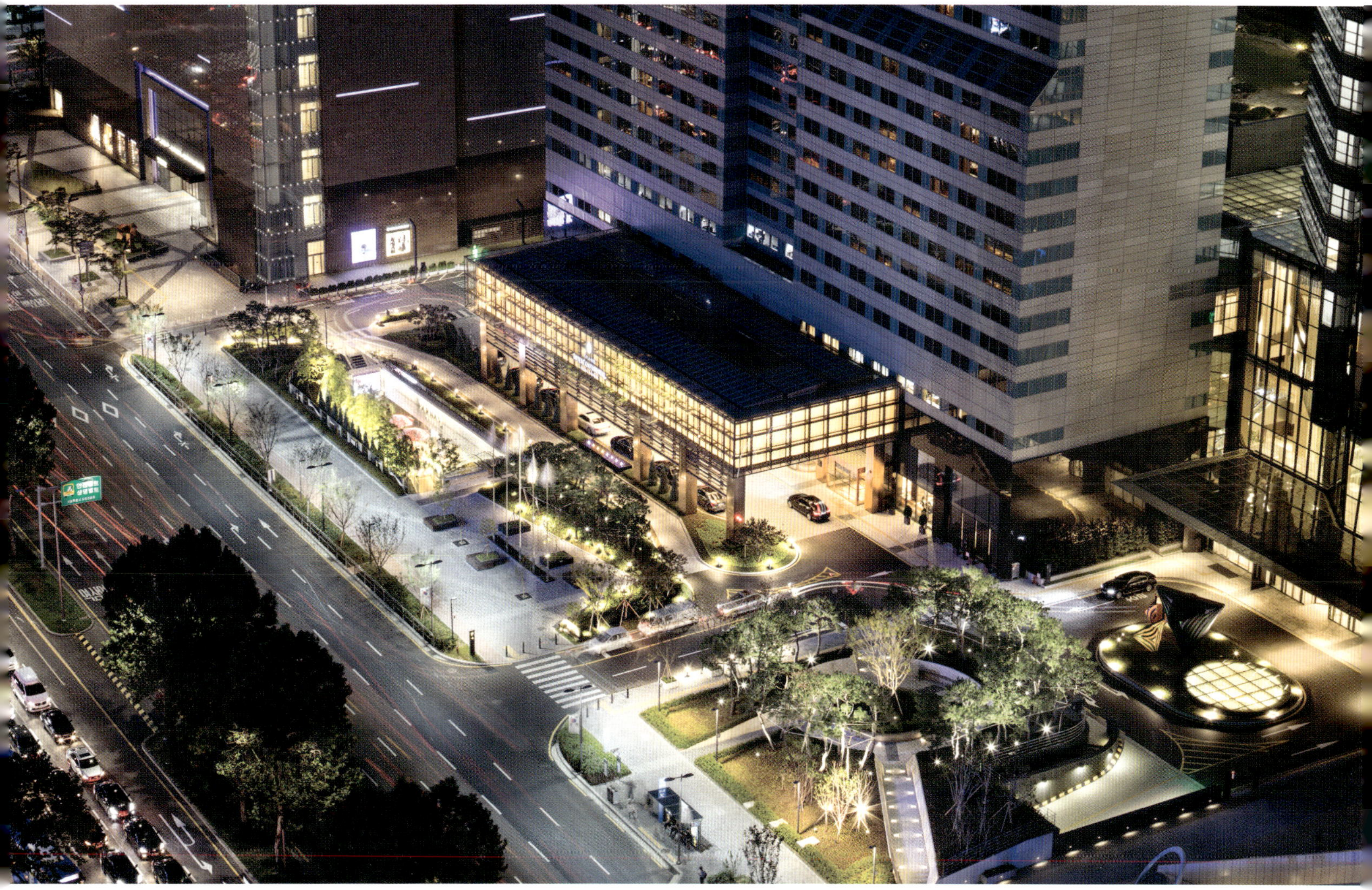

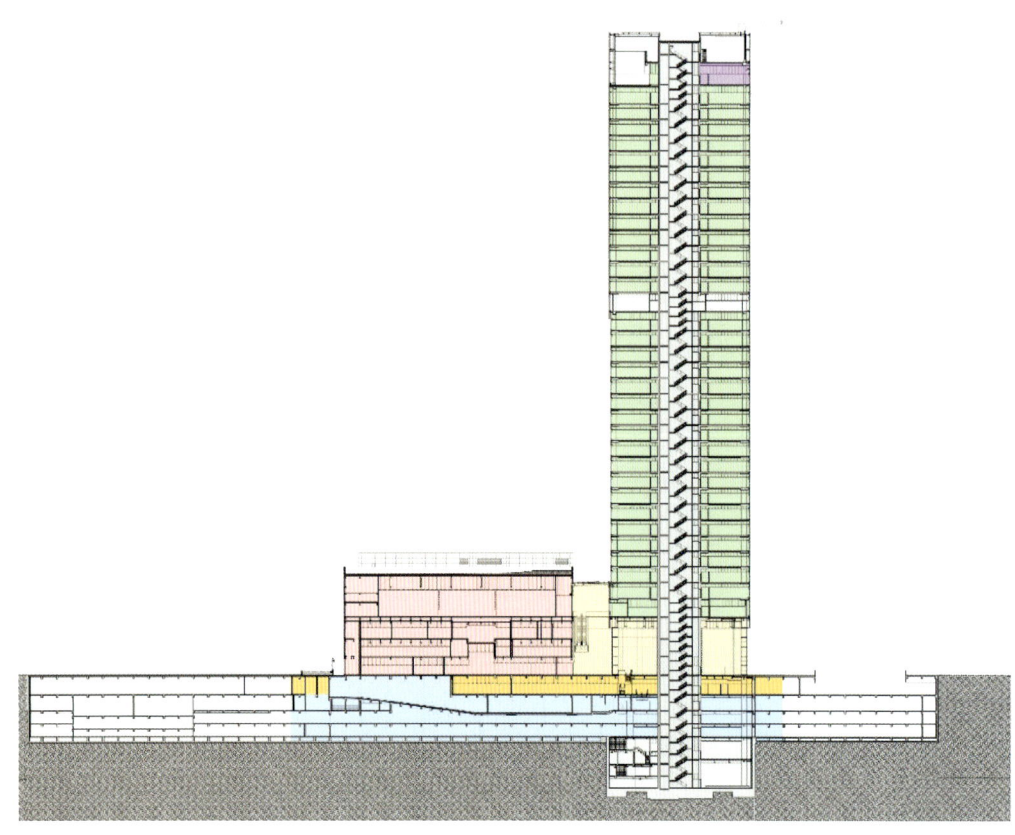

Section

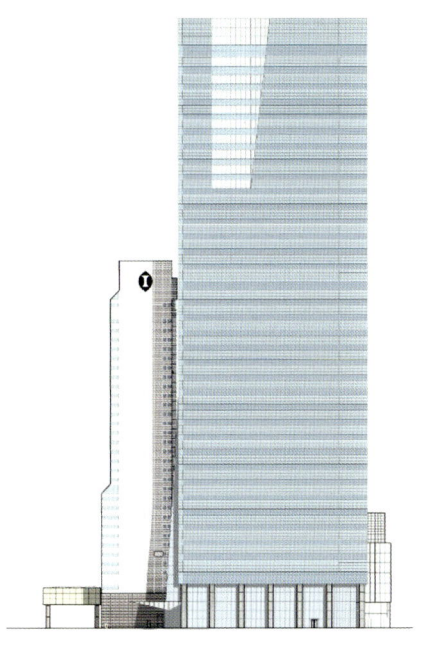

0 12   30m

Elevation

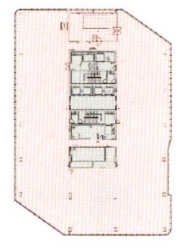
33th Floor Plan

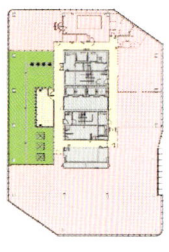
37th Floor Plan

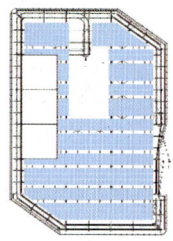
Roof Plan

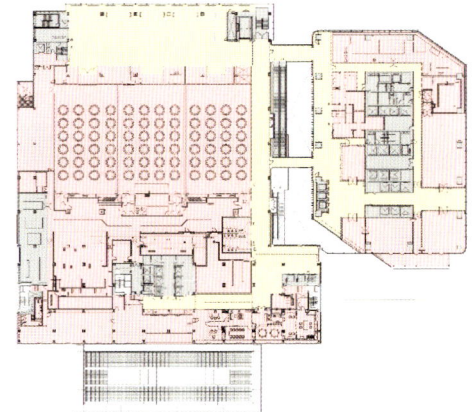
5th Floor Plan

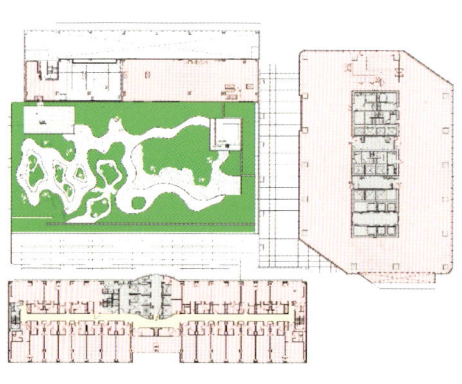
7th Floor Plan

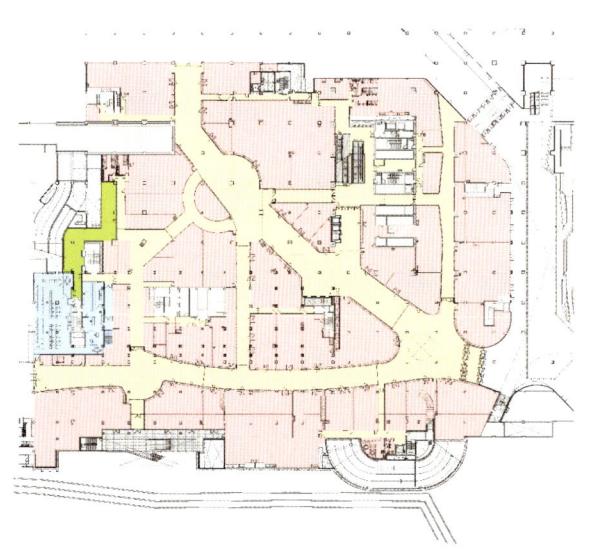
B1 Floor Plan

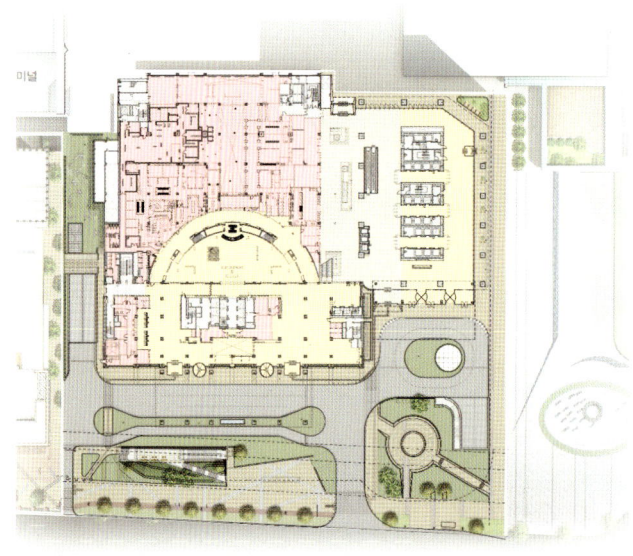
1st Floor Plan

한국,
오늘,
건축.

아키랩
발행처
-
발행인 / 조배연
주소 / 서울시 서초구 양재천로13길 18(양재동)
전화 / 02-579-7747
이메일 / 1979anc@naver.com

마실와이드
기획·편집·교정
편집 디자인 / amyyaap
-
주소 / 서울시 마포구 월드컵로8길 45-8, 1층
전화 / 02-6010-1022
이메일 / masil@masilwide.com
누리집 / www.masilwide.com

세트 ISBN / 979-11-89659-07-3
단행본 ISBN / 979-11-89659-10-3
값 / 62,000원

저작권법에 의하여 보호를 받는 저작물이므로
어떤 형태로든 무단 전재와 복제를 금합니다